新时代乡村产业振兴干部读物系列

现代种养业

农业农村部乡村产业发展司　组编

中国农业出版社
农村读物出版社
北　京

图书在版编目（CIP）数据

现代种养业／农业农村部乡村产业发展司组编．——
北京：中国农业出版社，2022.1
（新时代乡村产业振兴干部读物系列）
ISBN 978-7-109-27505-8

Ⅰ.①现… Ⅱ.①农… Ⅲ.①农业技术－干部教育－
学习参考资料 Ⅳ.①S

中国版本图书馆 CIP 数据核字（2020）第 205309 号

中国农业出版社出版
地址：北京市朝阳区麦子店街 18 号楼
邮编：100125
责任编辑：廖　宁
版式设计：王　晨　　责任校对：沙凯霖
印刷：中农印务有限公司
版次：2022 年 1 月第 1 版
印次：2022 年 1 月北京第 1 次印刷
发行：新华书店北京发行所
开本：700mm×1000mm　1/16
印张：15
字数：260 千字
定价：68.00 元

丛书编委会

主　任　　曾衍德
副主任　　王　锋　　陈邦勋　　吴晓玲　　刁新育　　邵建成
　　　　　周业铮　　胡乐鸣　　苑　荣
委　员　　陈建光　　禤燕庆　　蔡　力　　才新义　　曹　宇
　　　　　李春艳　　戴露颖　　刘　伟　　杨桂华　　廖　宁
　　　　　王　维　　范文童　　刘　康　　赵艳超　　王　聪

本书编写人员

主　编　李积华　林丽静　王忠强

副主编　范武波　韩建成　胡会刚　李绍戊

参　编（按姓氏笔画排序）

　　　　马　骥　王瑞龙　邓　旭　李　武　肖熙鸥

　　　　郑　斌　赵志刚　胡　林　程　华　曾宗强

序

　　民族要复兴，乡村必振兴。产业振兴是乡村振兴的重中之重。当前，全面推进乡村振兴和农业农村现代化，其根本是汇聚更多资源要素，拓展农业多种功能，提升乡村多元价值，壮大县域乡村富民产业。国务院印发《关于促进乡村产业振兴的指导意见》，农业农村部印发《全国乡村产业发展规划（2020—2021年）》，需要进一步统一思想认识、推进措施落实。只有聚集更多力量、更多资源、更多主体支持乡村产业振兴，只有乡村产业主体队伍、参与队伍、支持队伍等壮大了，行动起来了，乡村产业振兴才有基础、才有希望。

　　乡村产业根植于县域，以农业农村资源为依托，以农民为主体，以农村一二三产业融合发展为路径，地域特色鲜明、创新创业活跃、业态类型丰富、利益联结紧密，是提升农业、繁荣农村、富裕农民的产业。当前，一批彰显地域特色、体现乡村气息、承载乡村价值、适应现代需要的乡村产业，正在广阔天地中不断成长、蓄势待发。

　　近年来，全国农村一二三产业融合水平稳步提升，农产品加工业持续发展，乡村特色产业加快发展，乡村休闲旅游业蓬勃发展，农村创业创新持续推进。促进乡村产业振兴，基层干部和广大经营者迫切需要相关知识启发思维、开阔视野、提升水平，"新时代乡村产业振兴干部读物系列""乡村产业振兴八大案例"便应运而生。丛书由农业农村部乡村产业发展司组织全国相关专家学者编写，以乡村产业振兴各级相关部门领导干部为主要读者对象，从乡村产业振兴总论、现代种养业、农产品加工流通业、乡土特色产业、乡村休闲旅游业、乡村服务业等方面介绍了基本知识和理论、以往好的经验做法，同时收集了脱贫典型案例、种养典型案例、融合典型案例、品牌典型案例、园区典型案例、休闲农业典型案例、农村电商典型案例、抱团发展典型案例等，为今后工作提供了新思路、新方法、新案例，是一套集理论性、知识性和指导性于一体的经典之作。

丛书针对目前乡村产业振兴面临的时代需求、发展需求和社会需求，层层递进、逐步升华、全面覆盖，为读者提供了贴近社会发展、实用直观的知识体系。丛书紧扣中央三农工作部署，组织编写专家和编辑人员深入生产一线调研考察，力求切实解决实际问题，为读者答疑解惑，并从传统农业向规模化、特色化、品牌化方向转变展开编写，更全面、精准地满足当今乡村产业发展的新需求。

发展壮大乡村富民产业，是一项功在当代、利在千秋、使命光荣的历史任务。我们要认真学习贯彻习近平总书记关于三农工作重要论述，贯彻落实党中央、国务院的决策部署，锐意进取，攻坚克难，培育壮大乡村产业，为全面推进乡村振兴和加快农业农村现代化奠定坚实基础。

农业农村部总农艺师

前　言

　　党的十九大报告提出的乡村振兴战略，是贯彻新发展理念、建设现代化经济强国的重大战略之一。实施乡村振兴战略就是要实现"产业兴旺、生态宜居、乡风文明、治理有效、生活富裕"。

　　乡村产业振兴需要通过大力发展现代种养业来改变以往的传统模式，逐步向现代化、科学化、生态化、创新化转变，从而提高农民群众的获得感、幸福感、安全感。新时代下的乡村振兴工作干部应该积极宣传和推广现代种养业的理念和技术，深入推进农业供给侧结构性改革，加快农业现代化建设，走出有特色的现代农业发展之路。

　　为了落实党中央、国务院关于实施乡村振兴战略的决策部署，为新时代下农业高质量发展提供强有力支撑，农业农村部乡村产业发展司组织编写了"新时代乡村产业振兴干部读物系列"，本书为其中之一。本书共分五章，内容涵盖现代种养业发展概述、现代种植业、现代畜禽养殖业、现代水产养殖业、现代种养业与乡村振兴等内容。在概述现代种养业发展状况的基础上，重点介绍了现代种植技术、现代水产养殖技术、现代畜禽养殖技术，阐述了现代种养业和乡村振兴的关系。全书内容的组织安排体现了一定的基础性和系统性，以利于乡村振兴工作干部更好地理解和掌握现代种养业的基本概念和方法，但同

1

时也希望不要拘泥于书本，要随时了解新型的种养动态，做到思维和技术随时更新。

本书编写得到了各相关单位的大力支持和帮助，收到了许多宝贵的建议，在此一并感谢！由于时间仓促，精力有限，特别是学识和编写水平有限，本书难免会存在一些遗漏和欠缺，恳请同行专家和学者批评指正，齐心协力共同推动农业全面升级、农村全面进步、农民全面发展，谱写新时代乡村全面振兴新篇章。

编　者

2021 年 6 月

目　录

第一章

现代种养业发展概述

第一节 现代种养业的内涵与外延

种养业即种植业与养殖业，是农业的重要组成部分，是农业生产的两大支柱。种植业，又称为植物栽培业，利用植物光合作用的生物机能，将太阳能转化成粮食、副食品、畜禽饲料原料和工业原料等富含能量的物质，包括粮食作物、经济作物、蔬菜作物、饲草料作物、园艺作物等。养殖业，又称为畜禽饲养业，通过人工饲养与繁殖，利用畜禽的生理机能，将饲草料等植物形态的能量转变为动物形态的能量，服务于人类的生存与发展。可见，种养业是人类与自然界进行物质、能量、价值转换与交换的不可或缺的环节与载体，是人类赖以生存与发展的基础。

种养业提供的粮、棉、油、糖、烟、茶、果、蔬、药、肉、蛋、奶等主要农产品、食材、食品等的安全性、营养性、经济性，直接关乎人类生理、心理、精神的健康与平衡。同时，种养业生产过程中所产生的副产物与废弃物的合理利用与处理，影响着物质、能量、价值的循环，对人们赖以生存的自然环境有着重要的影响（田慎重，2018）。种养业是乡村振兴战略实施不可或缺的重要抓手，是不发达地区农民脱贫致富的重要依托（赵之阳，2018），所以，种养业主产品、副产物、废弃物的统筹开发利用，对种养业的发展尤为关键，关乎人类的生存与发展，新时代背景下关于种养业现代化内涵与外延进行体系化研究具有非常重要的意义。现代种养业内涵与外延的研究框架见图 1-1。

1

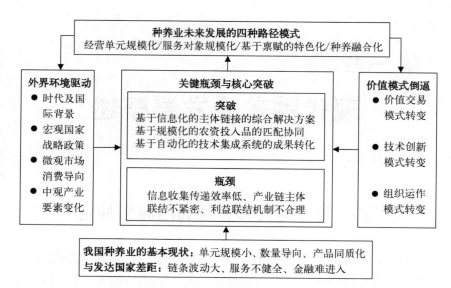

图 1-1　现代种养业内涵与外延的研究框架

一、我国种养业的基本现状

　　种养业是乡村振兴战略实施不可或缺的重要抓手与载体，是欠发达地区农民生存发展、脱贫致富的主要依托。计划经济时代，农业为工业发展提供原材料，为工业发展作出了重要贡献。如今，工业生产力、工商资本要反哺扶持农业的发展。我国是人口大国，农产品消费的市场空间巨大，种养业的体量也较大。目前，我国发展现状及所表现的特征如下。

　　1. 种养业单元从"小规模、大群体"向"种养单元规模化、服务对象规模化"转变　原来为鼓励农民劳动的积极性设立的家庭联产承包责任制，导致长时间务农人数减少，但种植基地与养殖基地仍是小规模的家庭经营。现在种养能人、种植养殖大户、植物保护或动物保护的企业、农产品渠道贸易主体等作为新型经营主体，带着现代化经营的理念思路，利用入股、托管、租赁、流转等多种形式使得种植养殖基地经营规模化，或利用科技服务、金融服务、投入品服务等生产服务形式为小而散的农户的集聚起来的规模户服务。以规模化为基础，逐步引入高质量、高水平的技术人才，促进种养业的升级。

2. 种养业从一味追求产量的粗放发展模式向"高质量、绿色生态、废弃物资源化利用"的模式转变 原来种养业的发展完全忽略过度使用化肥、滥用药品、秸秆焚烧、畜禽粪便随处堆放等所引致的土壤、水质、空气等环境污染。现在种养业越来越依存具有多元抗性的品种、畜禽粪便的无害化处理与制备有机肥、秸秆制备清洁能源或酶解生产高蛋白饲料等创新技术，注重生态环境保护。同时，种养业越来越注重农产品质量层次的标准体系建立与分级，依赖于产品品质提升的工艺创新，从数量规模型发展转向高质量、高水平发展模式。

3. 种养业从品类结构与区域布局呈现同质化的现象向"基于区域资源环境禀赋的特色化、多元化、品牌化"转变 为保障基本农产品的供给，市场上的统购统销、政策的扶持补贴使得创新研发资源、生产主体的种植养殖决策、加工固定资产的配置都围绕特定的几个农产品，使得多个地方的种植养殖品种出现同质化现象，导致特定几种农产品的生产产量过剩、加工产能过剩，其他农产品的品种创新、生产技术创新等储备不足，不能快速转型并重新布局。随着市场机制在资源配置中起到决定性作用，逐步重视细分区域市场对不同品类、不同质量层次的农产品的多元化需求，开始种养业特色化、多元化、品牌化发展。

二、种养业现代化的环境背景与驱动因素

时代背景与国际环境的变化，以及产业内外的驱动因素，使得种养业的生产力发生根本性的变革，产业链环节之间的沟通交互方式发生颠覆性的变化，产业的生产关系必然随之改变以适应新形势，形成新格局。

（一）时代背景与国际环境

当今时代是网络技术经济时代，互联网、物联网等网络技术改变了人们之间的交互半径、交互频率等交互模式，使得有限的物理空间得以打开，成为无限的虚拟空间，将系统的边界打开，界限变得模糊。加之信息技术的发展，将原来未知的黑色进行白化，将随机不确定性进行概率化，将灰色不确定性进行黑白分离，将模糊不确定性进

3

行清晰化，大幅度降低了未知与不确定性，使得许多过程变得透明，降低了不可控的风险。种养业各环节主体的边界被打开的同时，既享受着网络信息技术手段带来的红利，又受制于复杂网络环境对自身的影响，要求对环境变化作出更迅速的响应与决策，以适应变化多端的环境。

自从加入世界贸易组织后，种养业处在国内国外两种资源、两个市场的开放性竞争格局中，我国农产品国际贸易顺差成为常态，种养业的发展面临着较大的挑战。种养业作为国家战略性、安全性、基础性的产业，在国际竞争中不能依赖于对种植或养殖基地、水、肥料、农机农具、种苗、农药等投入品的直接补贴以提升竞争力，这既不是长久发展之计，也会触及国际农产品贸易中"黄色"政策的警戒线，从而需要加强政策扶持补贴促进生产要素质量提升、公共服务体系培育、公共基础设施建设，这既是扶持种养业发展的根本支撑保障体系，又属于农产品对外贸易政策所支持的"绿厢"范畴。种养业所输出的农产品如何在国际农产品价值链分工中占有一席之地，如何在国际贸易中赢得控制权与话语权，是种养业现代化发展的关键命题。

(二)现代化发展的驱动因素

根据突变理论可知，当一个相对有界的系统受到外界环境变化的影响，或者受到内部要素、模块、板块、子系统等组成部分的累积问题亟须解决或自身发展需求的影响，就会打破原有的均衡状态，经历一定时间的混沌阶段，才能恢复到更高层级、更高水平的一种均衡状态（苏屹，2019）。种养业产业系统同时受到了内外双重力量的驱动，驱使其现代化发展。

宏观战略与政策的规制下，所处环境背景发生了变化。供给侧结构性改革大背景，要求种养业按照需求的结构维度、数量规模、质量水平进行农产品的精准供给，要求整个农产品供应链的各环节的固定资产配置、资源与要素的利用更加精准有效。质量安全高度监督管理，要求种养业的生产与运营主体不仅关注终端产品而且关注产品生产过程，从数量型到质量型发展。生态环境保护的强制约束，要求种养业的生产主体不仅追求经济效益而且注重生态效益与社会效益，由原来追求单一效益目标到追求综合效益目标。在多重规制与约束下，种养业从业主体对创新的依存度越来越高。

微观市场消费的多元化，终极价值驱动发生了变化。原来供不应求的市场环境下，生产者生产什么，消费者就消费什么，处于消费没有过多需求只满足刚性需求的被动选择状态。随着人们生活水平的提高，不仅仅满足于数量的供给，人们的消费偏好逐渐呈现多元化，不同地区不同年龄段不同人群对农产品及其食材的烹饪工艺、口味、形态等呈现不同的喜好，所以终端消费市场发生了变化（李丽等，2017）。因此，种养业需要以终极交易价值的实现为导向，进行农产品品种的开发，生产过程品质的控制，形成"以出口撬动入口"的格局。

纵观种养业要素的变革，生产力结构发生了变化。劳动工具手段的提升与专业化分工，促使种养业的生产效率大幅度提升，加之供不应求的市场价值空间红利逐渐消失。随着城镇化发展，使从事种养业的时间机会成本加大，种养业的机械化、自动化的程度提升替代普通劳动者。随着种植基地与养殖基地的规模化程度提升，对管理的精益化、技术的迭代升级、投入的资金门槛、人才的综合素质提出新的要求（郭剑雄等，2013）。劳动对象的规模化，促使种养业的信息要素、科技要素、金融要素、人才要素都发生了变革，生产力结构发生了变化，必然引起生产关系改变。

在多重因素驱动下，未来种养业现代化将以细分的终极消费市场为导向，从原来只关注种养业农产品这一节点，到关注全链条的生产过程，更加依赖于体系化的协同创新，需要投入品的匹配、生产要素的重组、主体组织的重构，打造全链条融合发展的格局。

（三）种养业价值实现的模式转变

在多重因素驱动下，种养业的价值实现逻辑发生了转变，由原来的顺向价值逻辑演变为逆向价值逻辑，甚至是顺向与逆向交互的闭环价值逻辑。种养业价值实现的模式特征变化见表1-1。

交易消费模式发生了转变。原来，生产者与消费者的物理空间距离非常小，生产地与消费地几乎处于同一个物理空间内，消费者对生

表 1-1 种养业价值实现模式特征对比

价值实现过程	特征项目	原来	现在及未来
交易消费模式	生产者与消费者距离	一体	隔离
	消费者获得产品信息	快且容易	慢且不易
	消费者对产品信息识别	易于识别	难辨真伪
	消费者对产品的信任	易于建立	需要重塑
	消费者建立产品信任体系的载体	实际物理空间	虚拟网络空间
技术创新模式	环境变化与创新依存度	变化慢、依存度低	变化快、依存度高
	技术创新方向的依据	创新主体/顺向	市场导向/逆向
	面向应用创新转化的集成系统	缺乏	亟须建立
	创新成果转化程度	数量少、周期长	数量多、周期短
	技术创新所侧重的创新类型	引进消化吸收再创新、基于节点的原始创新	基于技术集成的系统创新、基于全链条的体系创新
组织运作模式	市场对农产品的诉求	终端产品数量	生产过程质量
	产业主体运作形式	专业化分工	一体化协作
	环节主体间信息情况	数量少、传递慢	数量多、传递快
	环节主体间衔接匹配的需求	低	高
	环节主体之间的博弈	多	少
	产业链运作的成本	管理成本与交易成本均变得较高	管理成本与交易成本都较低

产者所生产农产品的环境、工艺很容易了解，对农产品的质量安全很容易辨识。后来，市场空间逐渐增加，生产者追求生产效率的趋利行为促使专业化分工出现，并将生产链条分割，城乡的二元分化使得生产者与消费者的距离增加，消费者对产品质量安全的信任信用体系需要重构，加之基于网络电子商务技术的出现，使得农产品的交易与消费模式发生了本质性的转变（赵晓飞等，2012）。因此，基于信息化、

物联网、互联网的产业链各环节主体彼此衔接、匹配，才能支持现代的农产品交易与消费模式。

技术创新模式发生了转变。原来，技术创新主体形成了怎样的创新成果，种养业中的生产主体就转化什么成果，所产生的新产品推广到市场中也大都为消费主体所接受，由于专业化分工所开展的技术创新更侧重于基于环节关键点的引进消化吸收再创新、原始创新等自主创新类型。现在，消费群体的分化使得消费多元化，技术创新成果转化生产的农产品推广至终端消费市场很多时候不能实现其交易价值（严中成等，2018），加之专业化分工引致关于节点的技术创新成果转化周期长、转化困难、产出价值低，促使技术创新模式发生转变。因此，以市场细分需求为导向进行精准的技术创新是种养业现代化发展的必然趋势，需要基于全链条的体系化创新、跨环节的技术集成系统创新以及原始创新与引进消化吸收再创新的多主体协同创新。

组织运作模式发生了转变。之前，产业链各环节的主体只需要做好专业化工作，不必过多顾及上下游环节以及外界环境的变化，对创新的依存程度也相对较低。现在，由于市场需求变化迅速、质量安全的连带责任、国际贸易等因素，使得环节主体之间的博弈越来越多、交易成本越来越高（陈爽等，2018），要求环节主体基于信息化进行科学理性的判断与决策、基于数字化形成综合有效地解决方案、基于标准化形成不同主体之间的衔接匹配与协同，需要重构种养业环节主体之间的委托代理关系，形成新的主体组织架构以及运行机制、治理制度。因此，全链条协同才能使得信息完备对称，吸引金融资本进入种养业，从而提升科技要素，更好地对接国家政策，切实促进种养业的转型升级。

生产与消费空间距离的加大，基于产业链环节的分工加强，种养业所输出农产品的信任信用体系需要重新建立，既要"一体化"的责任共同体，又要"专业化"的生产效率，原来的价值实现模式已经不适用于现代化种养业的发展，促使基于生产要素重构生产力、生产关系重组，其中技术创新能够改变生产力，组织创新能够改变生产关系。

三、现代种养业发展的瓶颈

（一）种养业现代化发展的内涵

综合上述分析，可知种养业现代化的内涵是：在网络技术、信息技术的支撑下，通过对科技的体系化创新、集成创新、原始创新、引进消化吸收再创新，实现种养业的规模化、信息化、网络化、智能化、智慧化，为人们提供安全、营养、健康的农产品，关键在于进行组织创新构建产业链主体共生生态。其中，科技创新能够改变生产力，组织创新能够改变生产关系。

将种养业现代化发展的内涵转变为象限（图1-2），Z轴为发展的支撑体系，Y轴为发展的终极目标，X轴为发展的方式方法，原点O为发展的关键核心。

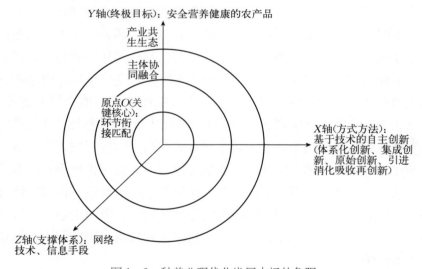

图1-2 种养业现代化发展内涵的象限

（二）与国外对标差距

对标发达国家的种养业，现阶段我国仍存在较大的差距。虽然国外发达国家种养业的发展为我国种养业转型升级提供了方向上的借鉴，但由于制度环境、政策体系、气候环境的不同，仍需要探索适应我国种养业发展阶段发展情境的途径。现将我国与发达国家种养业对标的主要差距梳理如下。

1. 我国种养业每个产业链的波动幅度相对较大、波动频率相对较高　国内外每个农产品链条的进出门槛与机制不同，供需对接平衡的机制不同，所面临的市场风险结构以及规避风险的机制不同。产业链的波动给产业中的生产与经营主体带来了很大的风险，会造成较大的损失，对生产者与消费者的福利带来影响，农产品的竞争力也会变弱。我国种养业产业链条上的主体绝大多数是被动接受供需市场风险所带来的波动，所进行的生产品类选择与生产规模决策都具有较大的不确定性，存在盲从现象。

2. 我国种养业的生产服务体系相对不够成熟，还有相当长的路要走　与发达国家生产服务体系的发展阶段不同，我国刚刚处于起步并加速发展的阶段。发达国家专业化服务之间形成了良好的协作准则、操作规范，我国种养业的专业化服务还未形成面向产业实践问题解决的综合体，基于生产服务体系提供集成解决方案的模式还有待完善（李博伟等，2018）（图1-3）。图1-3中，虚线方框的生产服务体系是不完善、不成熟的，各种农资投入品、农机供应商、农艺服务主体都分别直接面向不同类型的种植养殖主体。由于我国生产服务对象——种植基地与养殖基地的规模化程度较低，加之信息与知识的不完善，不同生产经营主体对新技术新工艺的接受采纳程度存在不足，亟须一体化的综合服务体系。

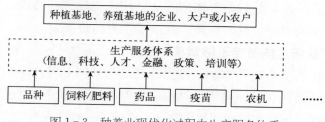

图1-3　种养业现代化过程中生产服务体系

我国种养业很难吸引工商金融资本的进入，导致种养业发展较慢。由于土地的私有制，发达国家种植场、养殖场、种养结合的农场具有规模化且产权明晰，加之行业协会对产业链条波动的科学合理控制，产业的风险点易于识别且能够管理，所以金融资本容易进驻产业（徐丽，2016）。我国种养业相对工业的产业链条本身环节构成复杂，加之产业波动性强，信息难以完备，不确定性较强且风险点不易识别，金融资本没有动力进入，导致本来就高风险、高投入、低收益的种养业只能依靠微薄的原始积累投入产业的转型升级中，势必发展缓慢。金融资本进入种养业的系统动力学因果关系见图1-4。

图1-4　金融资本进入种养业的系统动力学因果关系

（三）现代化发展面临的瓶颈

现阶段我国种养业所积累的问题以及对标发达国家存在较大的差距，问题与差距产生的根本原因在于以下3个方面。

1. 信息收集与传递的效率低　种养业的产业链是由不同环节组成，同一环节包括不同类型的主体，同一类型的主体感知与认知的层次水平不同，因此，种养业产业链是一个复杂的系统。产业链的复杂性与动态性导致信息难以高效准确的收集完备，不能支持科学决策并造成链条波动。更深层次的原因在于产业链信息的传递方式是上下游之间层级式传递，且缺乏主体之间信息传递的标准与协议，导致信息收集与传递效率低、及时性差，且准确性有待提高。

2. 产业链主体衔接不够紧密　农产品国际贸易中，国外是运用其紧密协作的整个链条体系所输出的产品与我国七零八落的环节衔接中产出的产品在竞争，理所当然我国农产品处于弱势。产业链环节主体衔接不够，导致主体之间基于信息不完备、不对称进行动态博弈的成本非常大，这些交易成本的增加会稀释产品的实际价值，同时会影响农产品的质量安全并造成产业链的波动，损害生产者与消费者的福利。

3. 利益联结机制设计不合理　由于我国种养业从业主体大都重视眼前利益而缺乏长远价值的理念意识，常会存在对利益分配不认同的现象。种养业中创新主体的创新成果转化给生产主体，生产主体生产的新产品转交至渠道贸易主体，到最终产品交易价值实现是一个长周期的过程，主体之间需要足够信息对彼此的贡献过程进行了解并产生认同与信任，才能对整体利益分配的认知达到公平公正的效果，主体之间的衔接才能长久。同时，当某个环节的主体遭遇风险损失时，应认同从整体利益中对其进行生态补偿并提供转移支付，使得协同合作可持续。因此，利益联结机制设计的合理性是产业联结、信息收集传递的关键。

四、种养业现代化发展的突破

考虑时代背景、国际国境以及产业内外的驱动因素，针对种养业发展存在的痛点问题及缩短与发达国家种养业间的距离，未来我国种养业的现代化需要注重信息化平台的打造、规模化发展、技术集成系统的建设，因此，跨环节全链条的多主体协同融合发展是种养业发展的趋势。

1. 基于信息化实现全链条主体间的网络化交互衔接，构建综合解决方案　信息化平台的建设，能够改变原有产业链环节分割上下游层级传递的信息交互方式，实现实时动态网络化的交互方式，提高交互的频率与效率，增加信息的完备性与对称性，支撑科学理性的决策，降低无效成本、规避并控制风险，有利于吸引工商金融资本的进入，加速种养业的发展。同时，基于行业的信息化平台，能够针对具体问题形成基于全链条的综合解决方案，构建生产服务体系。

2. 基于种养业经营单元的规模化、服务对象的规模化，将农资投入品匹配　种植业所用的水、肥料、基质/土壤、农药、种苗等，养殖业所用的水、饲料、兽药、疫苗、种苗等，都是以作物或畜禽种苗为核心的生产过程中的投入品。不同农资投入品作用于统一对象，为避免彼此之间的负向拮抗作用及相互之间的影响，减少信息不对称与不必要的博弈产生的交易成本，应注重投入品之间的匹配，共同服务于作物或畜禽的生产过程。

3. 基于机械化自动化提升种植养殖的技术集成，促进创新成果的有效转化　针对单项农资投入品、农机农具、农艺等进行的关键节点的创新，在应用转化过程中会面临与其他关联因素不能够融合、实际应用中不经济不便捷等状况，引致许多创新成果搁浅、创新投入无效的困境。创新成果转化形成产业价值，需要考虑作用于作物与畜禽的所有关联因素，是一项复杂的系统工程。因此，基于创新成果转化的技术集成系统非常重要，能够高效便捷的促进创新成果实现产业价值。

种养业现代化过程，起到探索引领作用的龙头企业以上面3点为抓手，能够主导种养业向现代化转型升级的进程，并通过种养业的振兴带动当地种植户与养殖户致富，完成产业经济发展的同时，作为有社会责任感的企业完成带领乡村农民振兴的使命。

五、种养业现代化的外延路径模式

通过对我国种养业现状特征与历史遗留问题、相对国外差距与产生原因的系统分析，可知我国种养业转型升级向现代化发展过程中的终极目标、实现的方式方法、所需要的支撑条件以及最关键的核心要素。依据现代种养业的内涵，从而为种植业、养殖业各个链条上的产业主体提出发展的总体方向、关键的战略抓手，探索丰富多样的发展路径模式，构建现代化种养业的外延形式。种养业现代化过程中强调基于全链条的体系化融合发展，融合发展过程中会遇到许多的瓶颈，更加依赖于科技创新与组织创新，也会提供更广阔的价值空间，衍生更丰富的新产业与新业态。根据我国目前的发展阶段与状况，未来现代种养业发展的典型路径模式包括以下4种。

1. 种植养殖经营单元规模化的路径模式 家庭联产承包责任制的土地制度引致的单元经营规模小，采用托管、流转、入股等多元化的合作形式，将种植养殖的劳动对象规模化，使得以此为基础所展开的农资等投入品、金融等要素服务形成规模经济，提高土地资源利用效率，降低生产经营中的无效成本，增强我国农产品在国际贸易中的竞争力。

2. 种养业生产服务对象规模化路径模式 由于城镇化发展，目前从事种植与养殖的人的年龄大都处于40～70岁，土地对于他们而言既是最主要的经济来源又是最重要的心理归宿，因此，种植养殖的规模化对于这部分群体并不适用，需要采用服务对象规模化的模式，利用综合生产服务体系提高农产品的品质竞争力与种植养殖的经济效益。

3. 地方资源禀赋优特化发展的路径模式　我国地大物博，由于许多地方特色的地形地貌、气候环境、风土人情，造就了一些优质特色的作物品种与畜禽品种。利用现代化的生产要素、组织运作模式，将依托地方特色环境所种植养殖的优势品种开发利用并传承推广，有利于扶持地方产业的振兴并带动农民富裕，同时提升我国种养业的自主知识产权。

4. 种植与养殖功能融合发展的路径模式　种养业现代化发展过程中，生态环境保护约束加剧、质量型发展的前提下，种植业的副产物与养殖业废弃物的资源化利用成为重点关注的问题，然而种养循环模式是最经济有效的方式。种养循环模式是典型的一二三产业融合模式，为种养业提供了多功能融合性发展的空间，形成了"产销一体"的格局，易于打造特色品牌。

以足够大的市场消费空间为前提，经营单元和服务对象的规模化，是现代化发展的重要基础和主要组成部分，是能够"直道追赶"与国际农产品竞争的根本。我国丰富多样的生态环境，基于地方资源环境禀赋与优势特色品种发展区域性种养业，走具有中国特色的发展道路，能够在国际农产品贸易中实现"弯道超车"的效果。除提升种养业国际竞争力的硬性要求外，种养结合的绿色生态循环农业是开展"体验农业、教育农业、创意农业、旅游观光休闲农业"提升消费者感知与认知的重要途径。

综上所述，种养业现代化过程存在"竞争性与功能性""直道追赶与弯道超车"多种路径共同发展的模式。

第二节　现代种养业的类别与模式

一、现代种养业的类别

（一）规模种养业（含民族奶业）

规模化种植一般土地连成一片，面积较大，便于机械化，采取标准化耕作。规模化种植一般应用于国家粮、棉、油、糖等大宗物资生产，价格较稳定，效益不是太高，效益主要来源于体量大（面积大）。规模化种植以北方为代表，如黑龙江东禾农业集团的有机水稻生产及加工（图1-5）、黑龙江国麻汉麻科技有限公司的汉麻种植（图1-6）等；在南方，广西的甘蔗在中国热带农业科学院甘蔗研究中心等机构的推动下也正通过机械化的深入推广朝规模化种植发展（图1-7）。规模化养殖一般面积较大、体量较大、产量较多，采取标准化生产线，养殖和加工一体化，一般以蛋奶畜禽等为代表，如福建南阳实业集团就是以养猪和猪肉加工为主（图1-8）。

图1-5 黑龙江东禾农业集团有机水稻基地（范武波 摄）

图1-6 黑龙江国麻汉麻科技有限公司汉麻种植基地（范武波 摄）

图1-7 中国热带农业科学院广西扶绥甘蔗基地现场会（范武波 摄）

图1-8 福建南阳实业集团猪肉加工车间（范武波 摄）

（二）特色种养业

特色种养业常应用于人民有特殊需求而不是生活必需的品种。一般在不适宜大宗物资生产的区域发展，具有相对独特的气候或农业生产条件特征，面积不大，但生产技术较发达，有相对固定的销售渠道，效益较高。如福建省福安市赛岐镇的葡萄产业，哈尔滨双城区长产蔬菜

图 1-9　福安市赛岐镇的葡萄产业（范武波　摄）

图 1-10　哈尔滨双城区长产蔬菜基地（范武波　摄）

图 1-11　哈尔滨双城区兢业蔬菜种植专业合作社（范武波　摄）

图 1-12　乐东县佛罗镇求雨村哈密瓜产业（范武波　摄）

图 1-13　琼中县竹狸产业基地（范武波　摄）

基地、兢业蔬菜种植专业合作社（图1-9~图1-11）。另外，还有海南省乐东县的哈密瓜产业、琼中县的竹狸产业等（图1-12、图1-13）。

（三）工厂化种养业

工厂化种养业是综合运用现代高科技、新设备和管理方法而发展起来的一种全面机械化、自动化技术高度密集型生产方式，能够在人工创造的环境中进行全过程的连续作业，从而摆脱自然界的制约。荷兰能在很小国土面积的前提下成为全球第二大农业出口国，主要是依靠工厂化种养业的发展。

（四）现代高效林业

现代高效林业主要是在林业生产中应用现代化生产技术。当前，应用在林业上的现代化技术主要有信息技术、生物技术、材料科学、全球定位系统和地理信息系统、现代遥感技术等。通过这些技术的应用，可促进林业生产得到大幅提升，同时实现对林业系统的动植物以及微生物和气候进行动态监测，还可促进林业发展的道路向多元化方向转变，如中国热带农业科学院热带生物技术研究所通过新品种、整树结香技术应用于生产沉香（图1-14）。

（五）海洋渔业

海洋渔业是海洋产业的重要内容之一，包括远近海养殖、海洋捕捞等活动。海洋养殖现在提倡大网箱养殖，在《中共中央国务院关于支持海南全面深化改革开放的指导意见》中支持发展海洋牧场，以利于海洋环保。海洋捕捞主要是实行休渔制度，促进海洋渔业持续发展，如海南翔泰渔业公司的渔业生产（图1-15）。

图1-14　中国热带农业科学院热带生物技术　　　　图1-15　海南翔泰渔业公司饲料
　　　　研究所整树结香技术（范武波　摄）　　　　　　　　生产车间（范武波　摄）

二、现代种养业的模式

（一）种养结合模式

种养结合模式是指种植业生产的作物为养殖业提供食物来源，养殖业提供粪便及有机物作为种植业所需肥料，使物质和能量在动植物之间进行转换和循环。"以种定养、以养促种、种养结合"是该模式的主要主张。也就是根据畜禽养殖规模配套相应粪污消纳土地，或根据种植需要发展相应养殖规模，就近消化畜禽粪污。根据区域大小可分为"三个循环"。一是种养小循环，养殖业产生的畜禽粪污在养殖场周边种植业进行循环；二是小区域循环，以村或镇为单位，将小区域范围内的养殖场与种植业对接，实现小区域内种养循环；三是大区域循环，以县或地区为单位，由政府牵头，企业运作，统一收集，集中处理，实现较大区域内种养循环。种养结合基本模式有牧草（作物）-牛（羊）模式、粮（菜）-猪模式、稻-鱼（鳖、鸭）模式、果（林）-鸡（鹅）模式等。

图1-16　哈尔滨双城区雀巢奶牛养殖培训中心基地（范武波　摄）

如哈尔滨双城区雀巢奶牛养殖培训中心就是采取种（牧草）养（奶牛）的模式（图1-16）。

（二）生态种养模式

生态种养模式也就是按生态农业要求进行种养的模式。生态农业是指在保护、改善农业生态环境的前提下，遵循生态学、生态经济学规律，运用系统工程方法和现代科学技术，集约化经营的农业发展模式，是按照生态学原理和经济学原理，运用现代科学技术成果和现代管理手段，以及传统农业的有效经验建立起来的，能获得较高的经济效益、生态效益和社会效益的现代化农业。生态种植尽量多使用有机肥或长效肥，多使用物理防治或生物农药，利用腐殖质保持土壤肥力，采用轮作或间作等方式种植。生态养殖采用天然饲料，不使用抗生素、"瘦肉精"和转基因技等术。主要模式有自然农法、酵素养殖、微生物养殖等。如绥化市庆安县黑龙江鸿基生态农业有限公司就是采取生态种养模式种水稻并在水稻田中养鸭（图1-17）。

图1-17　绥化市庆安县黑龙江鸿基生态农业有限公司稻鸭基地
（范武波　摄）

（三）立体种养模式

立体种养模式是指按立体农业要求进行种养的模式。立体农业是多种相互协调、相互联系的农业生物（植物、动物、微生物）种群，在空间、时间和功能上的多层次综合利用的优化高效农业结构。立体农业是田园综合体3个要求（循环、立体、创意）之一。构成立体种养模式的基本单元是物种结构（多物种组合）、空间结构（多层次配置）、时间结构（时序排列）、食物链结构（物质循环）和技术结构（配套技术）。立体农业的主要模式有丘陵山地立体综合利用模式、农田立体综合利用模式（鱼菜共生立体种养模式等）、水体立体农业综合利用模式、庭院立体农业综合利用模式。

（四）循环种养模式

循环种养模式是指按循环农业要求进行种养的模式。循环农业是运用可持续发展思想和循环经济理论与生态工程学方法，结合生态学、生态经济学、生态技术学原理及其基本规律，在保护农业生态环境和充分利用高新技术的基础上，调整和优化农业生态系统内部结构及产业结构，提高农业生态系统物质和能量的多级循环利用，严格控制外部有害物质的投入和农业废弃物的产生，最大限度地减轻环境污染。通俗地说，就是运用物质循环再生原理和物质多层次利用技术，实现较少废弃物的生产和提高资源利用效率的农业生产方式。立体农业是田园综合体3个要求（循环、立体、创意）之一。循环种养模式有种植-养殖-蚯蚓-养殖（种植）模式、种植-养殖-发酵床-种植模式、种植-养殖-沼气池-种植模式、农牧林-生态农庄模式、鱼-桑-鸡模式、种植-家畜-沼气-食用菌-蚯蚓-鸡-猪-鱼模式、种植-养殖-加工模式、秸秆-基料-食用菌模式、秸秆-成型燃料-燃料-农户模式、秸秆-青贮饲料-养殖业模式、猪-沼-菜（果、鱼）模式、鸡-猪-鱼（牛）模式、草-牛-鱼模式、草-牛-蘑菇-蚯蚓-鸡-猪-鱼模式、家畜-蝇蛆-鸡-牛-鱼模式等。如哈尔滨帝盟生物科技有限公司（图1-18）和黑龙江银泉纸业有限公司（图1-19）就在处理和利用循环种养模式中的粪便及秸秆。

图1-18　哈尔滨帝盟生物科技有限公司（范武波　摄）

图1-19　黑龙江银泉纸业有限公司生产车间（范武波　摄）

（五）创意种养模式

创意种养模式是按创意农业要求进行种养的模式。创意农业是指有效地将科技和人文要素融入农业生产，进一步拓展农业功能、整合资源，把传统农业发展为融生产、生活、生态为一体的现代农业。创意农业是田园综合体3个要求（循环、立体、创意）之一。创意种养模式主要有花田景观、农田艺术、主题公园、农业节庆、科技创意、人文创意等。

（六）休闲农业模式

休闲农业模式是按休闲农业要求进行农业开发的模式。休闲农业是指利用农业资源（田园景观、自然生态及环境资源等）和生产条件、生产经营活动、农村文化及农家生活，提供民众休闲、体验、观光、旅游的一种新型农业生产经营（或旅游）形态。也是深度开发农业资源潜力，调整农业结构，改善农业环境，增加农民收入的新途径。休闲农业的主要模式有田园农业模式（田园综合体等）、民俗风情模式（黎族风情村等）、共享农庄模式、传统村落模式、休闲度假模式（度假村）、科普教育模式（植物园）、回归自然模式、绿色观光模式（日本）、专业农场模式（法国）、葡萄酒旅游模式（澳大利亚）等。如福建省宁德市蕉城区赤溪镇农业产业园区（图1-20）就是采取这种休闲农业的发展模式。

图1-20　福建省宁德市蕉城区赤溪镇农业产业园区农家乐（范武波　摄）

（七）订单农业模式

订单农业模式是按订单农业的要求开展种养活动的模式。订单农业又称合同农业、契约农业，指农户根据其本身或其所在的乡村组织同农产品的购买者之间所签订的订单，组织安排农产品生产的一种农业产销模式。这种模式避免了盲目生产，很好地适应市场需要。订单农业主要模式有与个人签订订单、与科研机构签订订单、与批发市场签订订单、与龙头企业或加工厂签订订单、与专业协会或合作社签订订单、与经销中介机构或个人签订订单、社区支持农业等。如福建省福安市果之道公司（图1-21）就是采取网上订单的模式发展果业。

（八）精深加工模式

精深加工模式是按精深加工农业的要求进行种养的模式。精深加工农业是指对农业产品进行深度加工制作以体现其效益最大化的生产环节。通过精深加工，农产品或变成为加工产品，延长产业链，

图1-21　福建省福安市果之道公司（范武波　摄）

既可解决农产品不能长期存放问题，又可提高农产品附加值。精深加工模式主要有：休闲食品模式（如福建省福安市福建新味食品有限公司）（图1-22）、肉类加工模式（如福建省南阳实业集团南阳食品有限公司）、发酵提炼模式［如福建省福安市南国百乐（福建）食品科技有限公司（图1-23）、福建标样茶城（图1-24）]。

图1-22　福建省福安市福建新味食品有限公司展厅（范武波　摄）

图1-23　福建省福安市南国百乐（福建）食品科技有限公司生产线（范武波　摄）

图1-24　福建标样茶城展厅（范武波　摄）

第三节 现代种养业的机遇与挑战

一、发展现代种养业的机遇

（一）政策红利的机遇

至 2019 年，国家发布了从 1978 年改革开放以来第 21 个、21 世纪以来第 16 个以"三农"为主题的中央 1 号文件。特别是 2019 年的中央 1 号文件提出：一要聚力精准施策，决战决胜脱贫攻坚，不折不扣完成脱贫攻坚任务。二要夯实农业基础，保障重要农产品有效供给，稳定粮食产量，完成高标准农田建设任务，调整优化农业结构，加快突破农业关键核心技术，实施重要农产品保障战略。三要扎实推进乡村建设，加快补齐农村人居环境和公共服务短板，抓好农村人居环境整治三年行动，实施村庄基础设施建设工程，提升农村公共服务水平，加强农村污染治理和生态环境保护，强化乡村规划引领，加强农村建房许可管理。四要发展壮大乡村产业，拓宽农民增收渠道，加快发展乡村特色产业，大力发展现代农产品加工业，发展乡村新型服务业，实施数字乡村战略，促进农村劳动力转移就业，支持乡村创新创业。五要全面深化农村改革，激发乡村发展活力，巩固和完善农村基本经营制度，深化农村土地制度改革，深化推进农村集体产权制度改革，完善农业支持保护制度，加快构建新型农业补贴政策体系。六要完善乡村治理机制，保持农村社会和谐稳定，增强乡村治理能力，加强农村精神文明建设，持续推进平安乡村建设。七要发挥农村基层党组织战斗堡垒作用，全面加强农村基层组织建设，强化农村基层党组织领导作用，发挥村级各类组织作用，深化村级组织服务功能，完善村级组织运转经费保障机制。八要加强党对"三农"工作的领导，落实农业农村优先发展总方针，强化五级书记抓乡村振兴的制度保障，牢固树立农业农村优先发展政策导向，培养懂农业、爱农村、爱农民的"三农"工作队伍，发挥好农民主体作用，让农民更多参与并从中获益。这一系列的政策为现代种养业的发展提供了良好的机遇。

（二）人们对高品质生活追求的机遇

随着社会经济的发展，人们的经济收入提高，人们的消费观念、消费行为也在悄然发生着变化，社会整体生存资料消费逐渐降低，发展资料和享受资料消费逐渐增加，消费越来越追求多样性、追求个性、追求享受。对高品质生活的追求无可厚非，甚至是促进社会发展进步的不竭动力。对高品质生活的追求不是一种浪费消费，是人们在日益趋同化的生活消费中，寻求的一种差异化消费。当人的基本消费层面得到满足后，一般都想更上一层楼，体现自己的价值和对自己生活的激励。因此，对高品质生活追求的本质是追求消费精品和人类文明智慧结晶的高端产品。具体到种养业领域，人们不再是追求吃饱，而是要吃好，吃出健康，吃出美丽，吃出品位。人们对高品质农产品的追求主要体现在几个方面：一是品味原汁原味；二是吃不在量多而在精、营养；三是吃健康食品；四是注重健康食品的搭配；五是追求食品的多样化，喜欢尝鲜；六是追求当季、在地食品。这些对农产品高品质的追求，也为现代种养业的发展提供了良好的机遇。

（三）互联网发展的机遇

我国互联网是 1994 年全功能接入世界互联网的，已经历了 20 多年的发展历程。据中国互联网络信息中心数据，截至 2018 年末，我国的互联网使用人数已经达到了 8.29 亿，互联网普及率达到了59.6％。互联网已经全面重塑了衣食住行各个领域。在互联网的助力之下，很多新的消费内容和消费模式被创造了出来，居民消费场景不断多元化、消费品质不断提升，这些都支持了全社会需求规模的持续扩大。互联网作为一种通用目的技术，有效地提升各个行业的生产率。在"互联网＋"模式之下，互联网通过对企业进行连接、赋能，为企业注入了发展动力，从而对经济增长起到了间接推动作用。现阶段，互联网已经成为推动经济发展的一股重要力量。在未来一段时间内，要推进经济的持续、有效发展，就必须用好互联网经济的力量。互联网的主战场正从消费互联网向产业互联网转移。消费互联网面向的是个人消费者，其目标是满足个人消费体验，帮助既有产品、服务更好地销售和流通，而产业互联网指的是应用互联网技术进行连接、重构传统行业，主要面向企业提供生产型服务。产业互联网强调的是传统企业将互联网技术全面应用到产业价值链，从生产、交易、融资、流通等环节切入，以网络平台模式来进行信息、资源、资金三方面的整合，从而提升整个产业的运行效率，它已经远远超出了对某个具体技术，或者价值链某一环节的关注。产业互联网的发展将会对整个商业生态产生重大的影响：一是市场融合，产品市场、金融市场、劳动力市场等不同市场之间的隔阂将会被打通，供求信息在市场之间的传导将会变得更为迅速。二是产品升级，通过利用信息技术，传统制造业产出的产品中将植入越来越多的数字，按照使用状况购买服务的方式将会逐渐普及。三是人机协同，大量的流程性工作将由机器来承担，而人则更多地参与到对机器进行维护管理和那些更需要创造性的决策工作中。四是推进企业组织形式变革，网络化、扁平化、弹性化、自适应将成为新一代企业的重要特征。五是新商业生态形成，在传统时代，商业的竞争是企业与企业之间的竞争，而随着产业互联网的发展，商业的竞争则会是生态与生态之间的竞争。互联网的发展，也为现代种养业的发展提供了良好的机遇。

（四）物流发展的机遇

2014 年 9 月，国务院发布的《物流业发展中长期规划（2014—2020 年）》中，城乡配送是十一项重点工程之一。文件提出：要积极推进县、乡、村消费品和农资配送网络体系建设；整合利用现有物流资源，进一步完善存储、转运、停靠、卸货等基础设施，加强服务网络建设，提高共同配送能力。2017 年 12 月 13 日，商务部、公安部、交通运输部、国家邮政局、供销合作总社联合发布了《城乡高效配送专项行动计划（2017—2020 年）》，其目标是：到 2020 年，初步建立起高效集约、协同共享、融合开放、绿色环保的城乡高效配送体系。这是国家部委层面落实国家乡村振兴、物流业发展战略的重要举措。随着政策的落地，原先相对薄弱的城乡物流系统建设将迎来一波发展高潮。以阿里巴巴集团为例，该公司在 2015 年正式设立阿里农村事业部，启动"千县万村"计划，计划拿出 100 亿元布局农村电商，除了线上的农村淘宝，还建设 O2O 模式的农村淘宝村级服务站。京东也展开了农村电商推广项目。我国物流业的发展，为现代种养业的发展提供了良好的机遇。

（五）物联网发展的机遇

物联网是通过各种信息传感设备，如传感器、全球定位系统、红外定位系统、红外感应器、激光扫描器、气体感应器等各种装置与技术，实时采集任何需要监控、连接、互动的物体或过程，采集其声、光、热、电、力学、化学、生物、位置等各种需要的信息，与互联网结合形成的一个庞大网络。农业物联网是运用物联网系统的温度传感器、湿度传感器、pH 传感器、光传感器、CO_2 传感器等设备，检测环境中的温度、相对湿度、pH、光照强度、土壤养分、CO_2 浓度等物理量参数，通过各种仪器仪表实时显示或作为自动控制的参变量参与到自动控制中，保证农作物有一个良好的、适宜的生长环境。物联网在现代种养业上的应用主要有以下方面：一是基础信息采集，推动农业走向信息化；二是环境控制，保障农产品和食品安全；三是智慧管理，提高农业生产管理水平。主要包含生产资料生产环节智能化系统、种养环节精细化系统、采摘环节控制系统、收购环节控制系统、加工环节自动化控制系统、流通及销售环节信息化控制系统、消费环节可溯化系统。农业物联网发展趋势：一是传感器将向微型智能化发展，感知将更加透彻；二是移动互联应用将更加便捷，网络互联将更加全面；三是物联网将与云计算大数据深度融合，技术集成将更加优化；四是物联网将向智慧服务发展，应用将更加广泛。物联网建设是智慧农业的基础，随着5G逐渐落地应用，物联网与人工智能产品的结合将为智慧农业带来新的发展机遇，也将会从技术的角度打造出一个全新的现代种养业。

（六）人工智能发展的机遇

人工智能在农业领域应用的探索始于20世纪。目前，种植业已在种子选育与检测、智能种植（耕作、播种和收获等）、农作物监控、土壤灌溉与探测、病虫害探测与防治、气候灾难预警等领域应用了智能识别系统和智能机器人，养殖业中也使用了禽畜智能穿戴产品。很多大公司已将人工智能真正应用在现代种养业上，如腾讯人工智能鹅场和阿里巴巴、京东、网易的人工智能养猪场等。人工智能的应用有助于农业生产精细化，从而促进农业提高产出、提升品质、提高效率，同时减少农药和化肥的使用。然而，由于地理位置、周围环境、气候水土、病虫害、生物多样性、微生物环境等复杂性和多变性，人工智能在农业领域的应用面临比其他行业更大的挑战。据调查，在数字化程度高低排序中，农业位于第 21 位，为倒数第一，为数字化程度最低的行业。数字化程度最高，排在第一位的是信息与通信技术行业。人工智能在种养业上的应用是应对劳动力紧缺的有效手段，也是现代农业的必然发展方向。目前，人工智能在种养业上应用程度低，也为其发展提供了广阔的空间。

二、发展现代种养业的挑战

（一）资源约束日益趋紧

农业领域面临资源约束的挑战对人类来说比其他领域更为突出。世界人口总数 72 亿，其中 7.8 亿人面临饥饿威胁，到 2050 年，全球人口将要达到 90 亿，这意味着生产的粮食热量需要增长 60%。我国农业资源"先天不足"，农业资源紧缺是我国的基本国情。我国人均耕地、水资源仅为世界平均水平的 38% 和 25%，而且水、土资源的时空分布不合理，有地没水、有水没地的资源不匹配矛盾比较突出。随着人口增加和经济发展，农产品需求不断增长，耕地和水资源的矛盾更加突出，成为制约现代种养业发展的突出问题。我国主要农产品供求仍然处于"总量基本平衡、结构性紧缺"的状况，其根本原因在于增产幅度赶不上需求刚性增长的速度。随着全球气候变化，极端天气事件明显增多，每年因灾损失粮食巨大。同时，随着城镇化、工业化的快速发展，城乡争地争水矛盾日渐突出。此外，农业资源还面临着质量下降和环境污染的威胁。耕地的主要矛盾是总量不足和质量下降。由于负载逐年加大，耕地退化问题越来越严重，东北地区黑土层已由开垦初期的 80～100 厘米下降到 20～30 厘米。由于城市与工矿业"三废"不合理排放等原因，工业和城市的污染加速向农业农村扩散，农业生产区地表水和地下水受污染程度正在加深。由于种植业效益比较低，农民既没有能力也不愿意在养地方面加大投入，耕地"重用轻养"现象普遍。另外，与农业用水严重短缺形成鲜明对比的是，农业用水有效利用率只有50%左右，大水漫灌、超量灌溉等现象比较普遍，华北、东北西部等地地下水超采导致水位逐年下降。化肥的当季利用率只有30%多，普遍低于发达国家50%的水平，农药有效利用率同样只有30%左右。这些投入品的不合理使用，加之规模养殖比重迅速提高等原因，导致农业面源污染问题日益突出。资源约束对现代种养业的挑战日益趋紧。

（二）农业灾害危险加剧

农业灾害包括自然灾害、病虫鸟兽活动的危害、人为因素造成的灾害。自然灾害主要如下。

1. 气象灾害　是指不利气象条件给农业造成的灾害，包括由温度因子引起的热害、冻害、霜冻、热带作物寒害和低温冷害；由水分因子引起的旱灾、洪涝灾害、雪害和雹害；由风引起的风害，如台风、龙卷风等；由气象因子综合作用引起的有干热风、冷雨和冻涝害等。在诸多自然灾害中，气象灾害对人民生命财产造成的损失最大。据统计，每年我国由气象灾害造成的经济损失，约占各种自然灾害总损失（平均每年720亿～870亿人民币）的57%；由气象灾害造成的人员死亡约占全部自然灾害死亡人数（平均每年1万～2万人）的40%。由于全球变暖，近百年来全球海平面已上升了10～20厘米。IPCC在2007年报告中预测到2100年全球海平面将上升18～59厘米。全球气候变暖使大陆地区，尤其是中高纬度地区降水增加，非洲等一些地区降水减少。极端天气气候事件（厄尔尼诺、干旱、洪涝、雷暴、冰雹、风暴、高温天气和沙尘暴等）出现的频率与强度增加。气象灾害将从以下几方面严重影响现代种养业：一是两极冰川融化。北极的暖化情况比全球平均高出1～3倍。科学家预测，到2030年，北冰洋将迎来第一个无冰的夏天。同样的情况也发生在南极。如果两极冰盖全部融化殆尽，将使全球海平面上升约70米。二是大量物种灭绝。英国一份研究表明，地球历史上的4次物种灭绝都与温室效应有关。如果全球变暖继续加剧，将会导致地球一半的物种灭绝。首当

27

其冲的将是北极熊，目前世上仅存的 2 万只北极熊预计将在 2050 年灭绝。三是淡水资源流失。如果世界几大山脉上的冰盖不断消退，山下居民将面临淡水资源危机。其中源于青藏高原的江河流域影响涉及世界 1/3 的人口。另外，非洲乞力马扎罗山的"赤道雪峰"也将在 10 年内消失。四是农作物减产。全球气温变化直接影响全球的水循环，使有些地区出现反常的旱灾或洪灾现象，导致农作物减产，且温度过高也不利于种子生长。五是造成新的冰河期。由北极冰原融化，降水量增加，以及风的类型的不断改变，大量淡水正汇入北大西洋，从而对墨西哥参湾暖流造成破坏。而墨西哥湾暖流一旦因全球变暖被切断，欧洲西北部温度可能会下降 5～8 ℃。同样的事情发生在世界各地，地球甚至可能面临一次新的冰河时代。

2. 生态灾害　主要包括过量放牧、滥砍、滥挖、滥采、滥垦、滥用水资源、不正确的耕作造成土壤结构破坏、使用大量化学农药、药物使用不当、人为践踏等。生态灾害显见于北方干旱、半干旱地区及南方丘陵山地，这些地区生态条件比较恶劣，易受自然变化及人类活动的影响。其中，荒漠化集中于西北及长城沿线以北地区。水土流失灾害以黄土高原、太行山区及江南丘陵地区最为严重。石漠化则以云南、贵州、广西最为严重，其中以贵州的面积最大。此外，海洋带发生的赤潮、海岸侵蚀也是不可忽视的几大生态问题。造成生态灾害有自然原因，如气象、地质和地貌等因素，但更主要的是不合理的人为活动。因此，合理的开发资源、提高环保意识才能更好地避免自然灾害造成的损失。

3. 生物灾害　主要有两种：一是外来有害生物入侵，如紫茎泽兰、水葫芦等恶性杂草已在云贵高原、江浙一带形成生态灾害。二是病虫鸟鼠兽危害，如农作物病虫害、鸟害、鼠害、野猪破坏和禽流感、非典型肺炎、非洲猪瘟等动物传染病害等，其危害程度已不亚于气象灾害，非洲猪瘟已经威胁到人民的生命财产安全，引起社会恐慌。

4. 地质灾害　我国地质环境复杂，自然变异强烈，灾害种类齐全，主要有滑坡，泥石流，活火山，地面裂缝，地震，滑坡，崩塌，坑道突水、突泥、突瓦斯，水土流失，土地沙漠化，地热害等。特别是地震因发生隐藏性强，爆发突然，毁坏程度巨大，被称为"群害之首"。如四川地震、青海玉树地震，都造成了极大危害。

我国是农业大国，农业气象灾害的影响往往是大范围的。历史上农业气象灾害就是农业生产的重大威胁，"年年有灾，处处有灾"。农业气象灾害是在全球变化的背景下发生的，既具有深刻的地球物理环境背景，又和农业因素密切相关，具有持续、积累和交替的特点。几种灾害有时集中于某一时间或某一地区，形成"群发性"的特征，对种养业造成了极大地挑战。

（三）劳动力日益缺乏

20 世纪 80 年代中期以后，随着农村和城市的继续改革，国民经济快速发展，农业劳动生产率进一步提高，城市建设进一步加快，农村出现劳动力剩余，城市及沿海发达地区出现劳动力不足现象，导致了农村劳动力外流人数不断增加。特别是中共中央《关于做好农户承包地使用权流转工作的通知》的贯彻实施，以及农村二三产业发展和城市的快速推进，离开土地的农民越来越多，农村劳动力转移的规模和速度不断加大、加快。农村劳动力不但在量上日益缺乏，在质上也严重缺乏。主要表现在：一是农业科技人才数量较少，农业人才总量不足、农学专业人才培养数量少而且很多没回农村发展。二是农业实用人才文化程度不高。农业实用人才除少数农技干部外，其余主要为农业操作技能和经验丰富的农民，受传统观念影响，农业实用人才中接受过正规、系统农业培训的人极少，即便有也只是短期、临时的培训。三是农业乡土人才流失严重。男性劳动力外出务工，妇女留守农村承担主要的农业生产成为普遍现象。另外，由于农业劳动力的大量外流，青年人才不能实现充分补给，技能和"土方"的传递出现断层，人才青黄不接，在农业生产活动中拥有多年从业经验的乡土人才逐步迈入老龄化阶段。四是农业人才区域结构分布不均。从地域分布来看，在经济发达地区人才密度较大，而在偏远贫困地区则相对欠缺。目前农业人才资源的分布与财政资源的分布密切相关，偏远贫困地区农业人才的引进受财政投入制约，造成人才分布的失衡，在第二次农业普查中，仅有 17.3％的山区村落拥有农业技术人员，在贫困村这一比例为 15％。从行业分布来看，大部分农业人才集中在机关、事业单位中，受单位工作性质和制度等条件的约束，只能在工作职能范围内被其他单位抽调借用，无法形成自由流动。农村劳动力的日益缺乏严重影响了现代种养业的发展，主要表现在以下几方面：一是阻碍农业产业化体系的形成；二是影响农业生产发展和农村基础设施的建设；三是影响农村工作的开展；四是影响规模种养和规模经营，农民增收困难；五是影响农村经济可持续发展。现在从事农业工作的以"60 后""70 后"为主，"50 后""80 后"为辅，90 后的基本不再从事农业工作；六是影响农村家庭基础。劳动力日益缺乏成为现代种养业发展的极大挑战。

（四）科技创新及其应用亟待加强

我国是农业大国，我们以占世界 6％的淡水和 9％的耕地资源，解决了占世界 20％左右人口的温饱问题，成绩来之不易。纵观我国农业和农村经济的发展，主要是政策、投入和科技 3 种力量共同作用的结果。但在不同发展阶段，3 种力量发挥作用的大小不一。科技作为第一生产力，对于促进农业发展不仅具有低投入、高产出的特点，而且具有持续的增长潜力，科技进步对农业和农村经济发展的贡献是持续增长的。改革开放以来，我国农业现代化主要是通过体制改革和惠农政策推动，但是我国是一个发展中国家，经济还不富裕，特别是中西部地区经济相对落后，由于农业比较效益低，近期内政府财政和社会资金对农业的投入很难有很大的提高，所以，当前解决"三农"问题的关键在科技，必须大力发展农业科技，着眼于创新科技体制，推进农业科技化水平，从而改变农业产业结构，促进农村经济社会的全面发展。随着全球新一轮科技革命和产业变革的兴起，对农业产生了革命性影响，推动了生物种业、食品工业、生物质能源等战略性新兴产业的兴起和发展。"十二五"期间，我国农业科技实现了一批重大基础理论、方法和核心关键技术，集成推广了高效、节能、绿色等大批配套生产技术，数字农业、智能装备制造等方面也取得了积极进展，整体科技水平大幅跃升，呈现出领跑、并跑、跟跑并存的局面，对现代农业发展提供了有力支撑。但我国农业科研与试验发展经费占农业生产总经费的比重低于世界平均水平，与发达国家和我国其他行业相比，我国农业科技仍有较大差距，农业科技工作中仍存在不少体制机制问题，制约着农业科技创新及其成果的转化应用，主要有消费结构升级与农产品供应结构性失衡、资源环境约束趋紧与发展方式粗放、国内外农产品市场深度融合与农业竞争力不强、经济增速放缓与农民增收渠道变窄、发展动力转换与科技创新成果供给不足等。习近平总书记提出："农业出路在现代化，农业现代化关键在科技进步。我们必须比以往任何时候都更加重视和依靠农业科技进步，走内涵发展道路。"当前，我国农业面临诸多困境和挑战只有从科技创新入手，才能找到有效破解途径，只有紧紧依靠科技创新打造竞争优势，才能提升我国农业在全球供给体系中的地位；只有通过农业技术创新实现农业生产要素的重新组合。依靠科技创新生产出更能满足消费者需要的农产品，才能增加农民的收入。现阶段我国农业科技创新的战略任务：一是顺应国内农业现代化规律和要求，坚持产业发展导向，加强重点领域的科技创新与成果应用，紧紧依靠创新驱动农业现代化；二是应对国际农业竞争和农业科技竞争，在战略必争的基础和前沿技术领域创新一批理论和方法，在受制于人的核心技术领域突破一批关键技术，大幅度降低对外依存度，建设创新型国家。今后，我国农业科技创新工作的思路是：按照创新驱动发展战略部署和农业现代化建设要求，认真落实创新、协调、绿色、开放、共享新发展理念，紧紧围绕提高质量效益和竞争力这一中心和推进农业供给侧结构性改革这一主线，大力推动自主创新、原创创新、充分激发各类主体创新活力，着力构建以产出高效、产品安全、资源节约、环境友好为方向的现代农业技术体系，不断提升土地产出率、资源利用率和劳动生产率，强有力地引领和支撑现代农业发展。加强农业科技创新的措施主要有五种：一是进一步加大政府对农业科技进步的投入，加强政府对科技市场的监督；二是提高农业生产力，解决"三农"问题关键在科技，应进一步明确农业科技活动为国家的公益事业，明确规定各级政府在农业科研、农技推广投入的最低增长幅度；三是建立一套增加农业科技投入的投资机制、监督机制和责任制，确保农业科技投入的增长高于各级财政经常性收入增长；四是加快发展农业高新技术产业；五是提升农民科学文化素质。

（五）农民组织化程度有待加强

农民组织化是依据一定的原则，采取不同方式将具有生产经营规模狭小、经营分散、经济实力较弱、科技水平滞后等传统职业特征的农民转变为有组织进入市场与社会，并且能够获得与其他阶层同等待遇的现代农民组织的过程。农民组织化的内涵有6个方面。一是农民组织化是传统农民转变为现代农民的过程；二是农民组织化是一定的组织主体从事农业生产与经营活动的状态；三是农民组织化是在一定原则指导下而进行的组织创新；四是农民组织化是农民争取与其他阶层同等待遇的一场经济社会革命；五是农民组织化是推进家庭经营向采用先进科技和生产手段方向转变，增加技术、资本等生产要素投入，努力提高集约化水平的手段；六是农民组织化是推动统一经营向发展农户联合与合作，形成多元化、多层次、多形式经营服务体系的方向转变的过程。

提高农民组织化程度具有重要的意义：一是增强农业国际竞争力的需要；二是发展现代农业的需要；三是构建新型农村组织管理体制的需要；四是引导、教育和服务农民的需要；五是农民增加农业收入和非农产业收益的需要；六是农民争得与其他阶层同等待遇的需要。总之，提高农民生产经营组织化程度，大力发展农民专业合作社和农业产业化经营，有利于促进农业生产规模化和专业化水平，稳步提高农业产量和增加农民收入，是转变农业发展方式的有力抓手，也是农业发展的必然方向。但是，目前我国农业，特别是南方，农民组织化程度还很低，"小规模，分散化"的家庭经营导致农户与市场、生产与技术、政府与农民之间缺乏有效的沟通，制约了我国走向产业化、专业化和规模化之路。因此，要采取培育产业龙头、延伸产业链、培训新型农民等手段，在农业生产经营机制上实行新突破，通过农业龙头企业带动、专业合作社联动和农民的积极参与，把产业链紧密联结起来，把农民真正组织起来，实现生产、加工、销售、服务一条龙，分工合作，风险共担。

具体措施有：一要培育壮大龙头企业，推进农业产业化经营；二要培育农民专业合作社，深入推进示范社建设行动，提高农民组织化程度；三要培育种养大户和家庭农场，发展多种形式的适度规模经营；四要积极发展农产品物流；五要大力推动金融、人才等资源要素向农村配置；六要培育土地股份合作社，放活农村承包土地经营权。

（六）农产品价格受国际冲击日益突出

借助规模化、机械化、精准化，发达国家农业生产率极高，从而大幅度降低了生产成本。受机械化水平、人力成本、供求关系等诸多因素影响，我国主要农产品价格普遍高于国际市场价格。一个时期以来，保护价托市收诸政策较好地保护了农民利益，也防止了国内农产品价格大起大落，但加入世界贸易组织（WTO）以后，国际农产品市场的供求变化和价格波动对中国国内市场产生了深远影响，特别是近期中美贸易战国际形势下，一味依靠国内托市收购是走不通的。要改变这种局面，必须增加农业投入力度，提升我国农业科技创新水平，提高农业从业者技能和素质，加强农民组织化程度。只有这样，才能让我国农业摆脱受制于人的困境，逐步走向世界的前列。

第二章

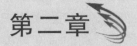

现 代 种 植 业

近年来，我国农业产业迅速发展，逐渐满足了人民对蔬菜、水果和苗木等数量、质量的要求，同时，植物的生产也从数量向质量转型，种植模式由农户分散生产向工厂化、集约化转型，种植技术由经验向数据化、标准化和智能化转型。种植业也逐渐与二三产业融合。

第一节　现代育苗

育苗是指在苗圃、温床或温室里培育幼苗，以备移植至土地里去栽种。育苗具有缩短田间生长时间，培育壮苗，节约用种等优点，在植物生产中广泛应用。现代农业育苗技术是指充分利用当代先进的农业育苗技术和设施，为植物幼苗提供适宜的生长环境，培育出苗龄适宜且符合生产或运输幼苗的技术。与传统小农户分散育苗相比，现代育苗技术实现了育苗设施化、机械化、智能化和技术的标准化，极大促进了农业产业的发展。

一、工厂化育苗

工厂化育苗是以先进的育苗设施和设备装备种苗生产车间，将现代生物技术，环境调控技术，施肥灌溉技术，信息管理技术贯穿种苗生产过程，以现代化、企业化的模式组织种苗生产和经营，从而实现种苗的规模化生产。与传统的育苗方式相比，工厂化育苗具有省工、省力、机械化生产效率高；节约种子和育苗场地；规范化管理；周年生产；缓苗期短和适宜机械移栽等优点（陈靓，2016；关小川，2016）。

　　国外一些发达国家的工厂化育苗起步较早，各国竞相研究，推广应用范围较广，生产组织和管理已达到了较高的水平。中国从1976年开始发展推广工厂化育苗技术。"九五"期间，工厂化育苗成为"工厂化农业示范工程"项目的重要组成部分。目前，全国有一大批科研院所的相关技术人员从事工厂化育苗的技术研究和推广应用，各地也相继建立起工厂化育苗生产线，促进了中国工厂化育苗的进一步发展，已经形成了一系列的技术标准，在蔬菜、果树、园林中实生苗、嫁接苗得到了广泛的应用（高洪波等，2018；李洪忠等，2019）。育苗流程已基本实现从基质准备到精准播种以及嫁接的全机械化（郑刚等，2019）。并且在移栽前开发健壮苗的识别系统，能够有效剔除弱质苗，提高种苗的质量（马浩霖等，2019）。同时在苗期管理中，借助物理网系统，育苗期间的管理也基本实现智能化、标准化管理。

　　（一）工厂化育苗的基本生产流程

　　虽然植物种类较多，但是其工厂化育苗的基本流程一致（图2-1），其主要工作流程分为准备、播种、催芽、成苗培育、出苗等阶段。

　　（二）工厂化育苗设施设备

　　1. 工厂化育苗设施　　工厂化育苗的设施主要分为播种室、催芽室、育苗室（温室）和附属用房等。播种室主要用于基质的准备、装盘、播种等。主要设备包括基质处理设备、装盘设备、播种设备。播种室一般与育苗室相连。

　　催芽室具有良好的保温和隔热性能。其具有监控和调节温度、湿度、光照等设备，并且能够将这些数据及时的传送给管理人员。催芽室的优点是占用空间小，种子萌发率高、速度快、均匀度好。因此，在完成播种作业后，应立即将穴盘等育苗容器运送至催芽室内。

　　育苗室是工厂化育苗的主要场所，需要满足植物发育所需的温度、光照、湿度和水分等。主要以联栋温室为主，配备通风、水帘、补光和加温设备。通过物联网系统能够实现植物生长环境的实时监控和调控。同时，在高度工厂化的育苗室配有潮汐式灌溉苗床、物流苗

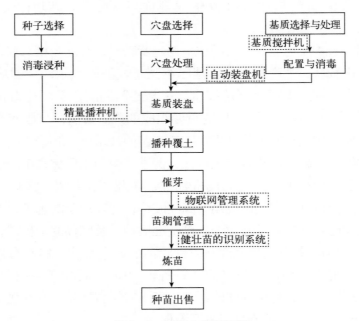

图 2-1　工厂化育苗流程

床以及移动式喷灌机等装备，可实现育苗过程的高度自动化，真正实现工厂化育苗。附属用房。主要是工人用房及一些库房，便于堆放杂物。

2. 工厂化育苗设备与生产线　工厂化育苗的设备主要包括基质处理设备、播种设备等。基质处理设备主要是对基质进行粉碎和搅拌等处理。主要生产线包括基质混料机、斜坡传送带、基质填料机、滚子输送平台、精量穴盘播种机、运输平带。基质处理设备主要包括碎土筛土机和基质搅拌机，将基质等进行粉碎处理，除去杂质，获得直径小且大小均匀的基质。同时通过搅拌机将基质中各成分搅拌均匀或防止基质在储运过程结块。

播种设备。播种设备根据其工作原理大致分为机械式、气力式和磁吸式 3 种。机械式的蔬菜播种机多设计为简单的手持式，这种手持播种机主要适用于小型育苗生产或播少量种子。而气力式精密播种机播种效率高、精密播种效果好，对种子的形状要求相对宽松，因此，应用最广。生产者应该根据自己的实际需求和规模来决定采用何种播种设备。

（三）工厂化育苗规程

品种选择与处理。蔬菜的种类和品种丰富，各地的消费习惯差异较大，应综合选择适宜当地生产和消费吸光的抗病优质高产的品种。具有包衣的种子可直接播种。没有包衣的种子可以进行一些处理，降低种子携带的病原菌，降低苗期病害发生的概率。温汤浸种是一种物理方法，用 40 ℃以上的温水浸泡，水的温度和浸泡时间因蔬菜品种而定。一般先将种子用洁净纱布包扎好，放在 55 ℃的恒温水中浸泡15～20 分钟后再放入清洁水中浸泡，茄果类蔬菜种子浸泡 4～8 小时，豆类种子浸泡 2～4 小时，南瓜、黄瓜、冬瓜和丝瓜种子浸泡4～8小时，苦瓜种子浸泡 12～24 小时，然后取出晾干待催芽或播种；西瓜、胡萝卜、菠菜、萝卜、白菜在 55 ℃的恒温水中浸种 7～8 分钟，并不断搅拌，然后取出再放入清洁水中浸泡，西瓜、胡萝卜、菠菜种子浸泡 24 小时，萝卜、白菜浸泡 1～3 小时，然后取出晾干待催芽或播种。芹菜种子用 48 ℃的温水浸种 30 分钟。对于一些难以破除休眠的种子可使用赤霉素破除休眠后播种。如茄子砧木种子使用 100毫克/升的赤霉素处理 24～48 小时。

穴盘选择与处理。根据蔬菜的种类和成苗标准选择适宜孔径的穴盘。实生苗如甜椒多采用 72 穴或 105 穴，黄瓜采用 72 孔，番茄多采用 105 穴，嫁接苗多采用 50 穴等。如果是使用过的旧穴盘，建议在使用前采用 2‰漂白粉溶液等浸泡 30 分钟，使用清水漂洗干净后使用。

基质选择与处理。基质是保证幼苗健康生长重要物质基础。因此，一般对基质的要求是具有良好的保水性能和透气性。在大规模育苗使用前应该根据当地的气候条件，育苗对象和当地的实际条件对基质进行适当的筛选，以降低生产成本和调高壮苗率。如在青海省海东市，辣椒、黄瓜、番茄育苗基质夏季建议混合基质的最佳配比为草炭：蛭石＝6：4；冬季建议混合基质的最佳配比为草炭：蛭石：珍珠岩＝6：3：1。

温度和光照管理。适宜的温度和光照是培育壮苗的重要条件之一。温度低，幼苗生长缓慢容易造成老小苗现象，温度高光照不足容易徒长。

（四）经典案例分析

右江河谷番茄产业良种育苗服务标准化综合平台由广西科宏蔬菜育苗有限公司实施。该平台以农业农村部规划设计研究院设施农业研究所、广西大学农学院为技术支撑。右江河谷番茄产业良种育苗服务标准化综合平台是广西"南菜北运"示范基地重点实施项目、广西百色高新技术产业开发区重点建设项目。项目总规划用地 300 亩*，建成后可年产茄果类、瓜类、叶菜类等蔬菜嫁接苗、自根苗 2 亿株以上，可满足右江河谷地区等广西区内主要蔬菜生产用苗，辐射广东、湖南、云南、贵州、四川、重庆等区外蔬菜产地。打造具有国际先进水平、广西最大的蔬菜智能化育苗基地。该项目集成了南方大棚节能降温、全自动播种、室外气象站及温室自动控制和监测系统等国内领先的智能化设施设备，创新高抗砧木品种选育、砧穗组合选配及高效节本嫁接新技术，突破高温季节嫁接成活率低、育苗成本高的核心关键技术，可初步实现夏季番茄嫁接苗大规模集约化生产。

二、嫁接

中国关于嫁接的早期记载见于《氾胜之书》，内有用 10 株瓠苗嫁接成一蔓而结大瓠的方法。《齐民要术》对果树嫁接中砧木、接穗的选择，嫁接的时期以及如何保证嫁接成活和嫁接的影响等有细致描述。在 6～13 世纪的几百年中，嫁接技术在牡丹、菊花等观赏植物和果树方面有很大发展。南宋时韩彦直在其著作《橘录》中赞美柑橘嫁接技术的神妙时称"人力之有参于造化每如此"。13 世纪，由于蚕桑的发展，桑树嫁接受到重视。17 世纪，王象晋在《群芳谱》中谈到嫁接和培养相结合可促进植物变异。到了清初，《花镜》等著作进一步肯定了嫁接在改变植物性状方面的效果。

---

* 亩为非法定计量单位，1 亩≈667 平方米。

　　嫁接是把一种植物的枝或芽，嫁接到另一种植物的茎或根上，使接在一起的两个部分长成一个完整的植株。嫁接对以无性繁殖果树的繁殖有着重要的意义，在果树中得到了广泛的应用。嫁接既能保持接穗品种的优良性状，增强植株的抗性。目前在蔬菜和果树嫁接苗也到了广泛的应用。同时蔬菜嫁接苗也有较高的经济效益，茄子、辣椒和番茄的嫁接苗价格均在1～2元/株，价格远远高于自根苗。蔬菜嫁接苗能够有效防治植株病害的发生，尤其是土传病害的发生，克服土壤的连作障碍，同时能够促进幼苗健壮生长，改善果实品质，延长采收期，增加产量。目前已经在茄子、番茄、辣椒、甜瓜、黄瓜、西瓜、葡萄、柑橘等植物上得到了广泛的应用（裴孝伯，2012；陈贵林等，2019）。

（一）嫁接方法

　　嫁接的主要方法有插接法、靠接法及劈接法等。

　　1. 插接法　用刀片或竹签削除砧木的真叶及生长点，用与接穗下胚轴粗细相同、尖端削成楔形的竹签，从砧木一侧子叶的主脉向另一侧子叶方向朝下斜插深约1厘米，以不划破外表皮、隐约可见竹签为宜。将接穗的子叶节下1～1.5厘米处用刀片将其削成斜面长约1厘米的楔形面。然后将插在砧木的竹签拔出，随即将削好的接穗插入孔中，接穗子叶与砧木子叶呈"十"字状。

　　2. 靠接法　用刀片或竹签削除砧木的真叶及生长点，砧木切口选在第2片真叶和第3片真叶之间，切口由上到下角度30°～40°切口长1～1.5厘米，宽为茎粗的1/2，同时，在接穗和砧木切口相匹配的部位自下而上斜切，角度、长度、宽度同砧木切口，然后把接穗的舌形切口插入砧木的切口中，使两切口吻合，并用嫁接夹固定。

　　3. 劈接法　当砧木和接穗长到5～6片真叶时，用刀片横切砧木茎去掉上部，保留2～3片真叶，在砧木茎中间垂直劈开1厘米深的切口，然后将接穗苗拔下，保留3～4片真叶，削成楔形，楔形大小与砧木切口相当（1厘米长），随即将接穗插入砧木的切口中，对齐后用特制的嫁接夹子固定好，并用特制的细竹签支撑，防止倒伏。

（二）嫁接的常用工具

常用的蔬菜和果树嫁接工具主要有刀片、嫁接刀、嫁接针、嫁接夹、嫁接套管和手工嫁接机等。

（三）嫁接苗的机械化

目前，嫁接也实现机械化操作，开发了一系列的嫁接机。嫁接机能够取代人工的手工操作，用机械臂快速地完成夹取、切削和接合动作，实现砧木和接穗的嫁接动作，而且嫁接速度快、成活率高。蔬菜嫁接机技术在日本、韩国等农业发达国家使用较为广泛。在日本，西瓜、黄瓜和茄子的嫁接苗的比例占总栽培面积的 90％以上。但是在我国嫁接苗的所占比例较小，仍有较大的发展空间。自 1998 年中国农业大学的张铁中教授率先在国内开展了蔬菜嫁接机的研究以来，我国的科研工作者开发一系列针对茄果类和瓜果类的嫁接机，其中，东北农业大学的辜松教授针对瓜类成功研制出 2JC 系列嫁接机，这些嫁接机操作简单、效率高，基本实现嫁接的自动化。国家农业智能装备工程技术研究中心研发的 TJ－800 型瓜、茄科蔬菜自动嫁接机生产率为 800 株/小时，成活率在 95％以上。表 2－1 总结了部分嫁接机的性能。

表 2－1　蔬菜嫁接机的基本性能表

型号	2JC－350型半自动嫁接机	2JC－450型半自动嫁接机	2JC－500型半自动嫁接机	2JC－600型自动嫁接机	2JC－1000A型全自动嫁接机	MGM600型全自动嫁接机	T600型半自动嫁接机	ISO Graft 1200型全自动嫁接机	ISO Graft 1100型全自动嫁接机
研发者	东北农业大学	东北农业大学	东北农业大学	东北农业大学	东北农业大学	日本三菱公司	日本洋马公司	荷兰 ISO Group 公司	荷兰 ISO Group 公司
嫁接方式	插接法	插接法	插接法	插接法	插接法	贴接法	贴接法	平接法	贴平接法
嫁接对象	瓜科作物	瓜科作物	瓜科作物	瓜科作物	瓜科作物	茄科	瓜科	瓜、茄科作物	瓜、茄科作物
上苗方式	人工上苗	单株半自动上苗	单株半自动上苗	单株半自动上苗	自动上苗				

（续）

型号	2JC-350型半自动嫁接机	2JC-450型半自动嫁接机	2JC-500型半自动嫁接机	2JC-600型自动嫁接机	2JC-1000A型全自动嫁接机	MGM600型全自动嫁接机	T600型半自动嫁接机	ISO Graft 1200型全自动嫁接机	ISO Graft 1100型全自动嫁接机
卸苗方式	人工卸苗	单株半自动卸苗	单株半自动卸苗	单株半自动卸苗	自动卸苗				
生产率	350株/小时	450株/小时	500株/小时	600株/小时	1000株/小时	600株/小时	600株/小时	1050株/小时	1000株/小时
嫁接成活率	90%	90%	90%	90%	90%	90%	98%	90%	99%

注：引自柏宗春等，2017。

（四）嫁接后的日常管理

蔬菜嫁接后的温度保持在20～25 ℃，嫁接苗成活后按照植株的育苗方法常规管理即可。空气湿度是嫁接能否成功的关键。嫁接结束后，要随即把嫁接苗放入苗床内，进行保湿，使苗床内的空气湿度保持在90%以上，不足时要向畦内地面洒水，但是避免水流入接口内，引起接口染病腐烂。3 天后适量放风，逐步降低空气湿度，进行炼苗。嫁接3 天内最好进行遮光处理，防止阳光的直射。3 天后早晚让苗床接受短时间的太阳直射光照，并随着嫁接苗的成活生长，逐天延长光照的时间。嫁接苗完全成活后，撤掉遮阳物，及时抹除接穗的不定根和砧木的腋芽。

果树芽接后15 天左右就可以检查成活情况，如果接芽湿润有光泽，叶柄一碰就掉，说明嫁接成活了。若接芽变黄变黑，叶柄在芽上皱缩，就没有接活。不管接芽是否成活，接后15 天左右及时解除绑缚物，以防止绑缚物溢入砧木皮层内。对未接活的，若条件适合应及时补接。枝接需要在30 天左右才能看出成活与否。若有新芽萌发，说明接穗已成活，若接穗变黑或萎蔫，说明未成活。未成活的应从砧木萌蘖中选一壮枝保留，用于再次嫁接。芽接成活后，待抽出新梢20 厘米左右时，从接芽上方0.5～0.8 厘米处剪去砧冠。不论枝接还是芽接都要及时将砧木基部的萌芽去掉，防止消耗水分和养分，影响接穗的成活。嫁接后 10 天之内一般不需要浇水，新芽萌发 5 厘米以上时即可施肥，应坚持薄肥勤施原则。嫁接新梢易受病虫危害，且不同树种病虫害差异大，应及时注意防治（费玉杰，2005）。

三、组培苗快繁

组织培养技术的研究，始于 20 世纪 40 年代。我国虽然起步较晚，但发展很快，目前已在枣、核桃、苹果、葡萄、香蕉、菠萝等多个树种上开展了组培脱毒和苗木繁殖等工作。

组培苗是根据植物细胞具有全能性的理论，利用外植体在无菌和适宜的人工条件下，培育的完整植株。

按外植体分，植物组织培养可分以下几类。

第 1 类：胚胎培养。植物的胚胎培养，包括胚培养、胚乳培养、胚珠和子房培养，以及离体受精的胚胎培养技术等。

第 2 类：器官和组织培养。器官培养是指植物某一器官的全部或部分或器官原基的培养，包括茎段、茎尖、块茎、球茎、叶片、花序、花瓣、子房、花药、花托、果实、种子等。组织培养有广义和狭义之分。广义：包括各种类型外植体的培养。狭义：包括形成层组织、分生组织、表皮组织、薄壁组织和各种器官组织，以及其培养产生的愈伤组织。

第 3 类：细胞培养。细胞培养包括利用生物反应器进行的，旨在促进细胞生长和生物合成的大量培养系统和利用单细胞克隆技术促进细胞生长、分化直至形成完整植株的单细胞培养。

第 4 类：原生质体培养。植物原生质体是被去掉细胞壁的由质膜包裹的、具有生活力的裸细胞。

目前在生产中有两大应用方向，一是无性系的快速繁殖：如兰花等名贵品种的无性繁殖；二是培育无病毒种苗，如马铃薯、香蕉、甘蔗、葡萄、桉树种苗。与常规的无性繁殖手段相比，组培苗快繁具有以下优点：生长周期短、繁殖系数大。植株较小，繁殖周期为 20～30 天，一个外植体在一年的时间内可以繁殖出几万甚至数百万的小植株。与传统的扦插，嫁接等技术相比，繁殖速度快、繁殖系数大；利于工厂化生产和自动化控制。培养条件人工可控，有利于集约化、工厂化和自动化控制生产，是未来农业工厂化育苗的发展方向；繁殖后代遗传稳定、整齐一致：组培快繁是无形繁殖技术，能够使后代遗传稳定，整齐一致，保持母本材料的优良经济性状；与脱毒技术相结合，生产脱毒苗。如马铃薯脱毒苗在生产中大量的成功应用。

虽然组培苗具有上述优点，但是其成本高，需要一定的技术和设施设备。由于不同植株的再生能力不一致，目前只有少部分植物能够实现组培苗的快繁，大部分植物尤其是木本植物的组培快繁还存在较大的技术难题。同时一些植物的再生植株变异较大，组培再生苗变异较大，如菠萝，阻碍了组培苗的推广应用。

（一）组培快繁车间的布局

组培快繁车间一般分为准备室、接种室、培养室和炼苗场，其按照一定的规律进行空间布局。准备室主要用于培养瓶的洗涤、培养基的配制、灭菌等操作。接种室主要放置超净工作台进行接种操作，一般要求空间密闭或者负压。培养室就要放置培养基，将接种后的材料进行培养。炼苗场主要是组培苗进行炼苗，使其能够适应外界环境条件，提高成活率。

（二）组培快繁的基本设备

组培快繁主要设备有洗瓶机清洗设备，灌装机分装设备，高压灭菌锅培养基灭菌设备，超净工作台无菌操作设备，组培架培养设备等基本设备。同时有手术刀、剪刀、小推车、酒精灯、灭菌器等小型设备。

第二节　设施栽培

设施农业是采用人工技术手段，改变自然光温条件，创造优化动植物生长的环境因子，使之能够全天候生长的设施工程。我国设施蔬菜种植主要有现代温室、日光温室、塑料大棚、遮阳棚以及防虫棚等。

一、现代温室

现代温室通常称为连栋温室或者智能温室，以大型玻璃温室为主体，以无土栽培为主要种植方式，通过信号采集系统、中心计算机控制系统等，配备可移动天窗、遮阳系统、保温、湿窗帘、风扇降温系统、喷滴灌系统或滴灌系统、移动苗床等自动化设施，对空气温度、土壤温度、相对湿度、CO_2 浓度、土壤水分、光照强度、水流量以及 pH、EC 值等参数进行实时监测调节，全年高产精细蔬菜、花卉等高附加值作物，从而实现农产品产量和品质大幅提升的高科技农业现代化项目（刘迪，2019）。与传统温室大棚相比，智能大棚具有数据精准、采集科学、低碳节能、节省人工和经济效益及社会效益明显等优点（朱志军等，2019）已经在多种经济作物上得到了广泛的应用。

智能温室主要由两大部分组成，一是以连栋温室、数据采集器为主的硬件设备，二是数据收集、处理和控制软件系统。智能温室是物联网在农业中的典型应用。

二、日光温室

日光温室是节能日光温室的简称，又称暖棚，由两侧山墙、维护后墙体、支撑骨架及覆盖材料组成。是我国北方地区独有的一种温室类型。是一种在室内不加热的温室，通过后墙体对太阳能吸收实现蓄放热，维持室内一定的温度水平，以满足蔬菜作物生长的需要。

与现代温室相比较，日光温室具有节能、建筑费用低、技术容易掌握等优点，在我国北方尤其是山东寿光地区得到了成熟应用。日光温室的栽培对象也由蔬菜逐渐扩展到果树（图 2-2）、花卉等经济作物上。日光温室与农业物联网相结合，也赋予了日光温室新的

图 2-2 日光温室油桃种植

内涵和生命。

（一）选择品种

适宜日光温室大棚栽培的油桃品种，要求品种纯正、成熟早、产量高、品质好、果形大、外观美，生长紧凑，自花结实率高，抗逆性强。

（二）整地与栽植

栽植前平整好温室土地，按株行距为 1.0 米×1.5 米规划打点，挖苗穴，一般穴深 60 厘米、长 60 厘米、宽 60 厘米，生熟土分开，待太阳曝晒 7 天后，按每穴施腐熟的农家肥 10～15 千克、磷肥 1 千克的量，与土壤混合均匀后进行回填踏实，土表要高于其他地面。选择 1 年生健壮苗木，于 3 月上旬至 4 月中旬定植。栽植时要配置授粉树，一般主栽品种和授粉品种比例为 5∶1。定植时苗木嫁接口要略高于地面，栽后灌足水，并覆盖黑色地膜（史秀霞，2018）。

（三）整形修剪

为充分利用棚内空间，对新植桃树依所处位置定干整形。靠前面的 3 行采用开心形整形，定干高度为 30 厘米；后 3 行采用纺锤形整形，定干高度 50～70 厘米。对过密枝及直立新梢要随时疏除。到 7～8 月进行 2 次拉枝处理，使主枝开张角度达 60°～70°。为了促进枝条成熟，增加花芽量，于 7 月 25 日以后每隔 10～15 天，分别喷施 300 倍、250 倍和 150 倍多效唑溶液，抑制新梢生长。

桃树落叶后扣棚强迫休眠时，开心形选择方位好、开张角度适宜的 3～4 个枝条作主枝，对过密枝、交叉枝、竞争枝适当疏除。对过长副梢分枝适当短截。纺锤形在主干 30 厘米以上选择 5～7 个着生方位好、开张角度适宜的枝条做主枝，对过密枝、交叉枝、重叠枝、直立枝、竞争枝适当疏除。对主枝长度不足 1 米的适当短截，超过 1 米的拉平缓放。对中心干延长枝截留 50～60 厘米。

结果后修剪主要是更新复壮，调节生长与结果的关系，对衰弱结果枝组在健壮分枝处回缩，对强壮枝要拉平、环割，对直立枝、交叉枝、重叠枝等疏除或重短截。保持中心干上主枝分布均匀，结果枝组生长健壮，布局合理，交替进行结果。

（四）肥水管理

定植当年在 7 月 15 日之前，以促进生长为主，施足底肥、灌足水，以氮肥为主。从 5 月 10 日开始每隔 10～15 天喷施 1 次叶面肥。从 7 月 15 日以后要控制肥水，抑制新梢生长，促进成花。主要措施是进行夏剪，用摘心、扭梢、拉枝、疏枝等方法控制新梢生长。另外，喷生长抑制剂 2～3 次。到 9 月上中旬结合深翻扩穴，每株施优质有机肥 10～15 千克、复合肥 500～750 克，以提高树体营养储备。进入结果后每年春季树体萌芽前施腐熟农家肥；开花前、幼果期施尿素、复合肥；果实膨大期施磷酸二氢钾；待落叶后至土壤封冻前再施 1 次腐熟农家肥，灌 1 次冬水。每次施肥后根据土壤情况和空气相对湿度适当灌水，在开花期及果实采收前 20 天严禁灌水。

（五）花果管理

1. 花期放蜂　在盛花期每栋温室放 1 箱蜜蜂，为促使蜜蜂出箱活动，可将 3% 白糖水放置出蜂口，并向树枝喷施糖水，诱蜜蜂出箱授粉。

2. 人工授粉　在主栽品种授粉前 2～3 天，在授粉树上采集大蕾期或即将开放的花朵，按常规制粉备用，在 8:00—10:00 授粉，随开随授，每隔 1 天授粉 1 次，花期反复授粉 2～3 次。

3. 疏果　花后 15～20 天开始疏果，一般 16 片叶留 1 个果，果实间距 6～8 厘米。疏去虫果、伤果、畸形果和小弱果，多保留侧生和向下着生的果实。

（六）防治病虫害

大棚油桃病虫害的防治应积极采取预防为主、综合防治的原则。冬季要彻底清园，对树干刷白并深翻土壤，以减少越冬害虫基数，扣棚后 7 天要给树体喷 1 次石硫合剂来预防病害。病害主要有细菌穿孔病、灰霉病，可选用 45% 甲基硫菌灵 800～1 000 倍液、60% 多菌灵 600～800 倍液来防治；主要害虫有蚜虫、红蜘蛛、桃潜叶蛾等，可选用 20% 螨死净可湿性粉剂 2 000 倍液、2% 阿维菌素乳油 1 000 倍液来防治。

（七）温室内温、湿、光控制

1. 扣棚降温　当外界气温达到 7.2 ℃ 以下，开始扣棚降温。一般在每年 10 月 20 日以后。白天扣草苫，夜间揭开，使棚内温度保持在 −2.0～7.2 ℃，湿度 70%～80%。早熟油桃可于 11 月下旬开始升温，一般降温时间 25～50 天。

2. 升温 果树通过自然休眠后开始升温，每天 8：30—9：00 揭开草苫，15：40—16：30 放草苫。第 1 周揭草苫 1/3，夜间覆上草苫；第 2 周揭 2/3，第 3 周后全部揭开草苫，夜间覆上草苫保温。此期间，白天温度控制在 13～18 ℃，夜间 5～8 ℃，湿度保持在 70%～80%。

3. 开花期 白天 16～22 ℃，夜间 8～13 ℃，湿度 50% 左右。果实膨大期，白天 20～28 ℃，夜间 11～15 ℃，湿度 60%。果实采收期，白天 22～25 ℃，夜间 12～15 ℃，湿度 60%。

4. 增加光照 定期清扫棚膜，增加入射光；在后墙挂反光膜；提早揭帘和延晚盖帘；人工补光；加强生长季修剪，打开光路。

5. 补充气肥 加强通风换气和施用固体二氧化碳气肥，每栋施 40 千克，有效期 90 天，一般开花前 5～6 天施用（赵立会，2006）。

三、简易防虫网栽培

现代温室等设施能够有效减少农药的使用，但是其前期建设成本较高，后期需要专业的管理技术，限制了其推广。中国热带农业科学院高建明博士带领的团队研发了一种新型简易防虫网，经过两年的试用表明，使用该防虫网种植叶菜、豆角等，在不打药的情况下，比不使用防虫网平均增产 50%，蔬菜没有虫眼、卖相好。防虫网的使用，可大幅度减少农药的使用量，有利于生态农业的发展，是无公害农产品生产体系中的关键技术之一。防虫网覆盖用于果树防霜冻、防暴雨、防落果、防虫鸟等，具有确保水果产量和品质、增加经济收益的效果。

（一）防虫网覆盖的主要作用

1. 防病虫 防虫网覆盖后，阻隔了蚜虫、木虱、吸果夜蛾、食心虫、果蝇类等多种害虫的发生传播，可达到防止这些害虫危害的目的。尤其控制蚜虫、木虱等传毒媒介昆虫的危害，防控柑橘黄龙病、柑橘衰退病等病害的蔓延传播，以及防治杨梅、蓝莓等的果蝇类害虫，防虫网覆盖可发挥重要作用。

2. 防霜冻　幼果期和果实成熟期若处于冷冻和早春低温时节，易遭霜冻而造成冷害或冻害。采用防虫网覆盖，一是有利于提升网内温湿度，二是防虫网的隔离有利于防止果面结霜受伤，对预防枇杷幼果期霜害和柑橘果实成熟期冷害有明显的效果。

3. 防落果　杨梅果实成熟期正值夏季多暴雨天气，如选用防虫网覆盖，可减轻因暴雨引发的落果，尤其果实成熟期多雨水时防落果的效果更明显。

4. 延成熟　防虫网覆盖后有一定遮光作用，可使果实成熟期推迟 3～5 天。杨梅网式栽培的果实成熟期比露地栽培迟 3 天左右，蓝莓网式栽培的果实成熟期迟 5～7 天。

5. 防鸟害　樱桃、蓝莓和葡萄等易遭鸟害的水果，果实成熟期覆盖防虫网防鸟害的效果极为理想。

（二）防虫网覆盖的主要技术

1. 防虫网的选择　防虫网是一种新型农用覆盖材料，常用规格有 25 目、30 目、40 目、50 目等，有白色、银灰色等不同颜色，应根据各种不同果树应用防虫网覆盖的目的，选择不同类型的防虫网，一般以防虫为目的，选用 25 目白色防虫网，以防霜冻、防落果、防暴雨等为目的，可选用 40 目白色防虫网。

2. 防虫网的覆盖方式　分棚式和罩式 2 种。棚式是将防虫网直接覆盖在棚架上，四周用泥土和砖块压实，棚管（架）间用卡槽扣紧，留大棚正门揭盖，便于进棚操作管理，主要适合蓝莓、杨梅等高价值水果栽培的应用。罩式是将防虫网直接覆盖在果树上，内用竹片支撑，四周用泥土按实，可单株或多株，单行或多行，全部用防虫网覆盖，操作简便，大大节省网架材料和节约投资，缺点是操作管理不便，这种方式适合短期、季节性防霜冻、防暴雨、防鸟害等，如柑橘果实成熟期和枇杷幼果期的防霜冻，杨梅、蓝莓成熟期的防果蝇和防鸟害等。

3. 防虫网的覆盖时间　根据不同水果防虫网覆盖的目的和要求，

确定相应的防虫网覆盖时间。柑橘果实成熟期的防霜冻，要求在霜冻（冷空气）来临前覆盖防虫网，一般在 10 月底或 11 月初开始覆盖。杨梅果实成熟期为防果蝇和防暴雨等，一般在果实成熟前 1 个月开始覆盖防虫网，即 5 月上中旬（余德根，2012）。

4. 防虫网覆盖的管理　防虫网覆盖前，尤其是罩式覆盖，果园要全面做好施肥、病虫防治等各项田间管理工作。覆盖期间，密封网室四周压实，棚顶及四周用卡槽扣紧，如遇六级以上大风，需拉上压网线以防掀开。平时进出大棚要随手关门，以防害虫飞入棚内，并经常检查防虫网有无撕裂口，一旦发现，要及时修补。如防虫网用于防果实霜冻，在霜冻前，要将防虫网与果实隔开，以避免因果实紧贴防虫网造成霜害损失。覆盖结束后，要及时用水清洗防虫网，待晾干后入库储藏，以备重复使用（李学斌，2012）。

第三节　无土栽培

无土栽培是指以水、草炭或森林腐叶土、蛭石等介质作为植株根系的基质固定植株，植物根系能直接接触营养液的栽培方法。与传统的栽培方式相比，无土栽培具有以下优点。

1. 节水、省肥、高产　无土栽培中作物所需的各种营养元素是人为配制成营养液施用的，水分损失少，营养成分保持平衡，吸收效率高，并且是根据作物种类以及同一作物的不同生育阶段，科学地供应养分。因此，作物生长发育健壮，生长势强，可充分发挥出增产潜力。

2. 清洁、卫生、无污染　土壤栽培施有机肥，肥料分解发酵，产生臭味污染环境，还会使很多害虫的卵滋生，危害作物，而无土栽培施用的是无机肥料，不存在这些问题，并可避免受污染土壤中的重金属等有害物质的污染。

3. 省工省力、易于管理　无土栽培不需要中耕、翻地、锄草等作业，省力省工。浇水追肥同时解决，并由供液系统定时定量供给，管理方便，不会造成浪费，大大减轻了劳动强度。

4. 避免连作障碍 在蔬菜的田间种植管理中，土地合理轮作、避免连年重茬是防止病害严重发生和蔓延的重要措施之一。而无土栽培特别是采用水培，则可以从根本上解决这一问题。

5. 不受地区限制、充分利用空间 无土栽培使作物彻底脱离了土壤环境，不受土质、水利条件的限制，地球上许多沙漠、荒原或难以耕种的地区，都可以采用无土栽培方法。摆脱了土地的约束，无土栽培还可以不受空间限制，利用城市废弃厂房、楼房的平面屋顶种菜、种花，都无形中扩大了栽培面积。

6. 有利于实现农业现代化 无土栽培使农业生产摆脱了自然环境的制约，可以按照人的意志进行生产，所以是一种受控农业的生产方式。较大程度地按数量化指标进行耕作，有利于实现机械化、自动化，从而逐步走向工业化的生产方式。

一、基质栽培

基质栽培的特点是栽培作物的根系有基质固定。它是将作物的根系固定在有机或无机的基质中，有机的基质有泥炭、稻壳、树皮等，无机的基质有蛭石、珍珠岩、岩棉、陶粒、沙砾、海绵土等，通过滴灌或细流灌溉的方法，供给作物营养液。基质栽培在大多数情况下，水、肥、气三者协调，供应充分，设备投资较低，便于就地取材，生产性能优良而稳定；缺点是基质体积较大，填充、消毒及重复利用时的残根处理，费时费工，困难较大。基质栽培在生产中已经得到了广泛的应用，如番茄、黄瓜等。

二、水培

水培是指不借助基质固定根系，使植物根系直接与营养液接触的栽培方法。主要包括深液流水栽培（deep flow technique，DFT）、营养液膜栽培（nutrient film technique，NFT）和浮板毛管栽培（floating capillary hydroponics，FCH）。目前，已经在生菜、番茄等多种蔬菜种植中取得成功，并且已经形成了产业。

春沐源农业科技有限公司通过精选番茄品种利用水培技术种植出

具有皮薄多汁、浓郁美味、口口爆浆特点的樱桃番茄，为消费者带来安全、健康、营养的高品质樱桃番茄（图2-3）。

图2-3 春沐源农业科技有限公司水培蔬菜

三、雾培

雾培又称气培或气雾培，是利用过滤处理后的营养液在压力作用下通过雾化喷雾装置，将营养液雾化为细小液滴，直接喷射到植物根系以提供植物生长所需的水分和养分的一种无土栽培技术。气雾培是所有无土栽培技术中根系的水气矛盾解决得最好的一种形式，能使作物产量成倍增长，也易于自动化控制和进行立体栽培，提高温室空间的利用率。但它对装置的要求极高，大大限制了其推广利用，目前，主要用于观赏以及马铃薯微型薯诱导。

四、立体栽培

立体栽培也叫垂直栽培，是立体化的无土栽培，这种栽培是在不影响平面栽培的条件下，通过四周竖立起来的柱形栽培或者以搭架、吊挂形式按垂直梯度分层栽培，向空间发展，充分利用温室空间和太阳能，提高土地利用率3～5倍，可提高单位面积产量2～3倍（倪久元等，2018）。同时，不同植物立体栽培具有很强的观赏性。

利用设施将其在空间中错开，对同一种作物进行立体栽培。如草莓立体栽培（图2-4）、蔬菜立体栽培。

图2-4　草莓的立体栽培

利用植物对光照的不同需求，在同一垂直立体空间种植不同植物。在上部种植喜光、喜温植物，在中下部种植喜阴喜凉植物（图2-5）。

图2-5　不同植物的立体栽培

五、植物工厂

植物工厂是通过设施内高精度环境控制实现农作物周年连续生产

的高效农业系统，是利用智能计算机和电子传感系统对植物生长的温度、湿度、光照、CO_2浓度以及营养液等环境条件进行自动控制，使设施内植物的生长发育不受或很少受自然条件制约的省力型生产方式。植物工厂是现代设施农业发展的高级阶段，是一种高投入、高技术、精装备的生产体系，集生物技术、工程技术和系统管理于一体，使农业生产从自然生态束缚中脱离出来。按计划周年性进行植物产品生产的工厂化农业系统，是农业产业化进程中吸收应用高新技术成果最具活力和潜力的领域之一，代表着未来农业的发展方向（图2-6）。

图2-6　植物工厂

2009年9月7日，国内第一例以智能控制为核心的植物工厂研发成功，并在长春农博园投入运行，该植物工厂的研制成功，标志着中国在设施农业高技术领域已取得重大突破，成为世界上少数几个掌握植物工厂核心技术的国家之一，将对中国现代农业的发展产生深远的影响。

关于植物工厂的分类，因所持的角度不同，其划分方式也各异。

（1）从建设规模上可分为大型（1 000米以上）、中型（300～1 000米）和小型（300米以下）3种。

（2）从生产功能上可分为植物种苗工厂和商品菜、果、花植物工厂，还有一部分大田作物、食用菌等。

（3）从其研究对象的层次上又可分为以研究植物体为主的狭义的植物工厂、以研究植物组织为主的组培植物工厂、以研究植物细胞为主的细胞培养植物工厂。

（4）按光能的利用方式不同来划分，共有3种类型，即太阳光利用型（简称太型）、人工光利用型或者叫完全控制型（简称完型）、太阳光和人工光并用型（综合型）。其中，人工光利用型被视为狭义的植物工厂，它是植物工厂发展的高级阶段。广义上来说，植物工厂分为温室型半天候的植物工厂和封闭式全天候的植物工厂，包含了豆芽菜、蘑菇、萝卜缨等的生产工厂；半自动控制的温室水耕系统；种苗繁育系统或人工种子生产系统。

植物工厂技术的突破将会解决人类发展面临的诸多瓶颈，甚至可以实现在荒漠、戈壁、海岛、水面等非可耕地，以及在城市的摩天大楼里进行正常生产。利用取之不尽的太阳能和其他各种清洁能源，加上一定的种子、水源和矿质营养，就可源源不断地为人类生产所需要的农产品。因此，植物工厂被认为是21世纪解决粮食安全、人口、资源、环境问题的重要途径，也是未来航天工程、月球和其他星球探索过程中实现食物自给的重要手段。近年来，我国特色经济作物，如棉花、油菜、花生、甘蔗、甜菜等种植面积逐年降低，这与环境污染、耕地减少有很大的关系，今后，通过植物工厂技术的运用，可以在更加恶劣的环境进行作物种植，将促进特色经济作物的发展。

第四节　有机栽培

一、有机农场

有机农场主要是指在无化学用品（如农药、化肥、激素以及其他人工添加剂）的参与下，进行蔬菜、水果种植的地域。农场以科学化管理为标准，天然绿色为理念进行水果蔬菜种植。

有机农场是遵照一定的有机农业生产标准，在生产中不采用基因工程获得的生物及其产物，不使用化学合成的农药、化肥、生长调节剂、饲料添加剂等物质，遵循自然规律和生态学原理，协调种植业平衡，采用一系列可持续发展的农业技术以维持稳定持续的农业生产体系的一种农场。事实上，不少农场以同样的标准进行生产，不使用化肥、农药、除草剂与生长激素等，只是提出的概念不太一样。

现代农业的发展所导致的众多环境问题越来越引起人们的关注和担忧。20世纪30年代英国植物病理学家Howard在总结和研究中国传统农业的基础上，积极倡导有机农业，并在1940年写成了《农业圣典》一书，书中倡导发展有机农业，为人类生产安全健康的农产品——有机食品。

　　有机农业的概念于 20 世纪 20 年代首先在法国和瑞士提出。从80 年代起，随着一些国际和国家有机标准的制定，一些发达国家才开始重视有机农业，并鼓励农民从常规农业生产向有机农业生产转换，这时有机农业的概念才开始被广泛接受。尽管有机农业有众多定义，但其内涵是统一的。有机农业是一种完全不用人工合成的肥料、农药、生长调节剂和家畜饲料添加剂的农业生产体系。

　　有机农业的发展可以帮助解决现代农业带来的一系列问题，如严重的土壤侵蚀和土地质量下降，农药和化肥大量使用给环境造成污染和能源的消耗；物种多样性的减少等；还有助于提高农民收入，发展农村经济。据美国的研究报道，有机农业成本比常规农业减少 40%，而有机农产品的价格比普通食品要高 20%～50%。同时有机农业的发展有助于提高农民的就业率，有机农业是一种劳动密集型的农业，需要较多的劳动力。另外，有机农业的发展可以更多地向社会提供纯天然无污染的有机食品，满足人们的需要。

　　有机食品是现如今国标上对无污染天然食品比较统一的提法。有机食品通常来自有机农业生产体系，根据国际有机农业生产要求和相应的标准生产加工的，通过独立的有机食品认证机构认证的一切农副产品，包括粮食、蔬菜、水果、奶制品、畜禽产品、蜂蜜、水产品等。目前，经认证的有机食物主要包括一般的有机农作物产品，如粮食（包括有机大米、有机小米、有机五彩豆、有机荞麦、有机绿豆、有机黄豆、有机红小豆、有机黑豆、有机玉米糁等）、水果（包括有机草莓、有机苹果等）、蔬菜（包括有机生菜、有机番茄、有机黄瓜等）、有机茶产品、有机食用菌产品、有机畜禽产品、有机水产品、有机蜂产品、采集的野生产品以及用上述产品为原料的加工产品。国内市场销售的有机食品主要是蔬菜、大米、茶叶、蜂蜜等。随着人们环保意识的逐步提高，有机食品所涵盖的范围逐渐扩大，它还包括纺织品、皮革、化妆品、家具等。有机食品需要符合以下标准。

（1）原料来自有机农业生产体系或野生天然产品。

（2）产品在整个生产加工过程中必须严格遵守有机食品的加工、包装、储藏、运输要求。

（3）生产者在有机食品的生产、流通过程中有完善的追踪体系和完整的生产、销售档案。

（4）必须通过独立的有机食品认证机构的认证。

在现代特色经济作物的种植中，需要最大限度保持绿色生态种植，减肥减药，防止污染，运用各种防治技术，安全、经济、有效地将有害生物造成的损失控制在经济允许水平之下，有效减少农药用量和残留，促进绿色生态发展。

推广优良品种，通过耕作栽培措施或选育抗病、抗虫品种防治有害生物；利用生物农药或天敌控制有害生物种群的发生、繁殖，减轻其危害；按照各种经济作物的生长发育要求调节生态环境，既促进作物生长发育，又控制有害生物发生危害；采用低毒、低残留、高效化学农药，规范使用方法，有效防治有害生物，通过性诱剂、色板以及杀虫灯等诱导技术对病虫害进行有效地控制，害虫具有趋光性，利用该特点，使用频振杀虫灯对病虫害进行诱杀，或者是利用害虫对不同的颜色具有趋性以及其趋化性的特点，进行诱杀；利用物理因素、机械设备及现代化工具等来防治有害生物。

减少各种投入品，防止各种毒素污染，确保作物产品质量安全。灌溉水质要符合农田灌溉水卫生标准，水渠（管道）无污染源；有机肥料要充分堆制腐熟，50 ℃高温腐熟最好。化学肥料限种限量使用，少用或不用硝态氮；选用诱导期适宜、展铺性好、降解物无公害的降解地膜，禁用聚氯乙烯地膜；除草剂选用（精）异丙甲草胺乳油，禁用乙草胺；选用烯效唑、壮饱安等新型植物调节剂，禁用丁酰胺（比久）和矮壮素；选用低毒、低残留高效农药，禁止使用有机氯、高毒有机磷农药，科学用药技术，选择高效、低毒、环保型农药，轮换用药，精准用药，严格执行《农药合理使用准则》和安全间隔标准，选择高效、低毒、低残留农药对茶园病虫害进行防治；作物生长期内遇旱需适度灌溉、遇涝及时排涝，加强病虫害防治；适时收获，及时干燥；清选后安全储藏，控制储藏和运输条件，防止各种毒素污染。

二、社区支持农业

社区支持农业（community support agriculture，CSA）的概念于20世纪70年代起源于瑞士，并在日本得到最初的发展。当时的消费者为了寻找安全的食物，与那些希望建立稳定客源的农民携手合作，建立经济合作关系。CSA的理念已经在世界范围内得到传播，它也从最初的共同购买、合作经济延伸出更多的内涵。从字义上看，社区支持农业指社区的每个人对农场运作作出承诺，让农场可以在法律上和精神上，成为该社区的农场，让农民与消费者互相支持以及承担粮食生产的风险和分享利益。

中华人民共和国成立后，粮食产量不断提高，从这一方面讲粮食的安全问题已不再严峻，但是各种农产品上残留的农药化肥等问题已经引起人们广泛的关注，人们迫切需求安全的农产品。

近几年，CSA的概念被引进到国内，一些热心从事CSA事业的人建立起有机农场，但是CSA要在国内得到全面的发展不仅需要从事有机事业的这些热心人士和农场，还需要有此共识的社区和促进发展有机生活理念的NGO（公益组织、志愿者）人士。CSA在国内的发展还是初步阶段，要有更大的发展还需要有各方面不断的作出努力。

一些CSA的变形模式正在成长起来。基于便捷的交通与物流体系，同其合作的农场，不再仅仅局限于某一个小地方，而是来自全国各地的被称作为农作艺术家的专注于某一领域的生产者。消费者也加入保障食品安全的行列，可以作为农人星探，推荐优秀的生产者；还可以申请成为品牌特工，不定期去农场暗访，进一步确保品质。

近年来，中国在解决了温饱问题之后，食品安全已经成为问题社会顽疾，各类问题食品层出不穷。要解决这个问题，需要提供从生产、批发、流通到终端一个完整链环的解决方案，涵盖生产标准、商业信誉、认证等一系列问题。

在这种背景下，基于互联网的社区支持农业（internet - based community support agriculture）开始起步，借助于风靡全国的开心农场和 QQ 农场的表现形式，结合社交网络和现实土地，以新的形式出现。商业公司一方面从农民手中有偿取得土地，一方面和有食品安全需求的消费者建立合作，通过互联网应用平台，在农民和消费者之间建立合作关系。

通过互联网应用平台，消费者可以进行以下操作。

（1）在线购买土地。

（2）在线挑选农民合作伙伴。

（3）指定种植方式。

（4）在线打理土地，远程安排农民翻地、施肥、播种、浇水、除虫、除草、治病、采摘等工作。

（5）与其他消费者进行经验交流和食品交换。

（6）在线配送下单。

（7）查看土地及时照片和实时视频。

（8）追溯配送食品的生产、流通历史记录。

要实现基于互联网的社区支持农业，要求经营公司具备绿色/有机农业、互联网、物流等方面的实力，而且规模投入较大，管理水平要求比较高，传统的农场要想进行这方面的经营还不是一件容易的事情，主要是自身的管理水平需要提高，技术实力需要提高。

目前，国内已有公司推出此类服务的农场，提供了集电子商务、在线种地、物流、有机种植等于一体的平台。

三、病虫害生物防控

生物防控就是利用一种生物抑制另外一种生物的方法。它利用了生物物种间的相互关系，以一种或一类生物抑制另一种或另一类生物，最大的优点是不污染环境。生物防控主要的措施是以虫治虫、以螨治螨、以菌治虫、以菌治菌，其可以与生物源农药、昆虫性外激素等生物制剂结合使用。

例如，茶叶病虫害全程绿色防控体系是在充分掌握茶树生长习性、病虫发生规律以及绿色防控技术性能特点的基础上建立起来的绿色防控平台。与传统防治理念不同，它更加发挥茶园生态系统在病虫害防治中的作用，将病虫草害控制在经济危害水平之下。与传统的防治方式不同，它避免采用单一绿色防治技术措施，树立"天敌控制卵，微生物和植物源产品控制幼虫，化学信息素控制成虫"的全新理念。与传统的防治策略也不同，它摒弃"见虫才打，见病才防"的观点，充分发挥病虫害监测预报在防治中的作用，做到适时、适量用药，预防为主，综合治理。

（一）以虫治虫

利用果园害虫的寄生性和捕食性天敌控制果树害虫。丽蚜小蜂寄生白粉虱，赤眼蜂寄生卷叶蛾；捕食性天敌有瓢虫、草蛉、蜘蛛、捕食螨等。蚜虫发生初期使用，释放异色瓢虫卵、幼虫或成虫进行防治，以傍晚释放为宜。

（二）以螨治螨

以螨治螨就是释放人工饲养的捕食螨来控制果树红蜘蛛、锈蜘蛛等害螨。可使用胡瓜钝绥螨等捕食螨防治叶螨。挂放时避开阳光直射和雷雨天气，以防影响捕食螨释放。以螨治螨可减少喷药次数，但单独用此方法难达到预期效果。如福建省农业科学院张艳璇研究员通过"以螨治螨""以螨治虫""以螨带菌治虫"，创办我国第一家捕食螨公司，开发了一系列的产品，在生产实践中取得了良好的效果。

（三）以菌治虫

以菌治虫又称微生物治虫。利用病原微生物防治害虫。自然生态系统中，昆虫的疾病是抑制害虫发生的一个重要因素。能致使昆虫疾病的微生物病原有细菌、真菌、病毒、原生动物、立克次氏体、线虫等，尤以前三类居多。如白僵菌能够寄生于 15 个目 149 个科的 700余种昆虫，对果树上常见的介壳虫、白粉虱、蓟马、天牛、桃小食心虫等具有很好的防治效果。淡紫拟青霉属于内寄生性真菌，是一些植物寄生线虫的重要天敌，能够寄生于卵，也能侵染幼虫和雌虫，可明显减轻果树根结线虫、孢囊线虫、茎线虫等植物线虫病的危害。苏云金杆菌也有很好的灭虫效果。这种杆菌是一个芽孢杆菌的大家族，它们在自己的代谢过程中，能产生一种对昆虫有害的毒素。当昆虫吃了附有苏云金杆菌的食物后，这些杆菌的芽孢立即在昆虫的消化道里繁殖，同时产生大量的毒素，使昆虫的肠道麻痹，随后杆菌从消化道侵入到"血腔"，引起败血症致使昆虫死亡。苏云金杆菌可以防治约 400 种害虫，对鳞翅目的害虫有致命的威胁，效果达到 80%。最大弱点是杀虫效果慢，单一使用则对暴发性害虫收效不理想。

（四）以菌治菌

以菌治菌是利用自然界中的生防微生物（生防真菌、生防细菌和生防放线菌）抑制有害菌的繁殖。芽孢杆菌能产生枯草菌素、多黏菌素、制霉菌素、短杆菌肽等活性物质，对土壤致病菌具有抑制抗生作用。杨凌糖丝菌 Hhs.015 对苹果树腐烂病菌有一定的生防作用。EM 菌为一种混合菌，一般包括光合菌、酵母菌、乳酸菌等有益菌类，EM 菌抑制有害微生物的生存与繁殖，减轻并逐步消除土传病虫害和连作障碍，有益微生物还能抑制有害真菌。EM 菌对草莓根腐病、白粉病以及蚜虫等病虫害有一定的抑制作用（王忠和等，2010）。

（五）生物源农药

目前，开发应用的生物源农药种类比较多，按其来源分为植物源农药、动物源农药、微生物源农药。常见的植物源农药有大蒜素、苦参碱、小蘗碱、印楝素等；常见的动物源农药为性信息素等；常见的微生物源农药有阿维菌素、春雷霉素等。

对大棚草莓进行生物防控时，黄萎病、枯萎病可选用寡雄霉素浸根，并在定植后视田间发生程度进行灌根。炭疽病、白粉病、灰霉病、霜霉病可选用多抗霉素、武夷菌素等防治。蚜虫、蓟马可选用苦参碱等防治。红蜘蛛可用藜芦碱、苦参碱等防治。斜纹夜蛾、甜菜夜蛾可用多杀霉素在低龄幼虫期防治。草莓移栽前地下害虫可用苦参碱拌土沟施（吴声敢等，2018）。

第五节 机械化栽培

农业属于劳动密集型产业，随着人工成本的日益增加，劳动力成本将是制约我国农业发展的关键因素之一。农业未来的发展方向将由人工栽培为主向机械栽培为主。目前，正对玉米、水稻、小麦等主要粮食从播种到收获基本可以实现全程机械化，而蔬菜、果树等机械化相对不完善只能针对某些作物或者某些阶段实现机械化。

目前，主要的蔬菜机械，一是动力机械：轮式拖拉机、手扶拖拉机、微耕机/田园管理机；二是种子处理机械：丸粒化机（种子包衣机）、播种带制备机；三是育苗机械：育苗播种机、蔬菜嫁接机；四是净园机械：前茬作物粉碎还田机；五是肥料撒施机械：有机肥撒施机械、颗粒肥撒施机械；六是耕翻机械：旋耕机/深耕机；七是起垄（或作畦、开沟）机械；八是种植（或铺膜、播种/移栽一体）机械：蔬菜精密播种机、蔬菜移栽机；九是节水灌溉设备：喷滴灌设备/水肥一体机；十是中耕除草机/开沟培土机械；十一是植保机械：种类很多（包括化学防治、物理防治、生物防治机械设备）；十二是收获机械：叶菜土上无序收获机、叶菜土上有序收获机、叶菜土下收获机、块茎类蔬菜收获机；十三是搬运机械：搬运车、设施内移动平台；十四是收获后处理机械设备：蔬菜整理机、野菜清洗机、称量包装机；十五是冷藏保鲜运输设施：蔬菜预冷机、低温保鲜库、冷藏运输车；十六是蔬菜废弃物处理设备；十七是土壤连作障碍修复改良（消毒杀菌灭虫）机械设备：深耕火焰杀灭机、蒸汽杀灭机、微波杀灭机等（吴瑞莲等，2019）。

一、机械化耕地

我国耕整地机械化种类较多，从适合平原地区的大型拖拉机到设施栽培的小型手扶式旋耕机，基本可以实现各种地形土壤的耕地机械化。

二、机械化播种

播种机根据播种方法可以分为撒播机、条播型、穴播型、精密型、联合型等。与人工播种相比，机械播种具有提高劳动效率，节约生产成本的优点。目前，适宜播种机播种的蔬菜品种有青菜等小粒种子的十字花科作物。李鉴方等（2015）通过对比试验证明矢崎 SYV-M600W 小粒种子播种机和 Stanhay840 高精度带式播种机在杭州市萧山区进行推广应用。

三、机械化移栽

移栽技术有提高蔬菜生长期间抗灾抗逆能力、提前作物的生育期、提高幼苗成活率、增强蔬菜品质、提高蔬菜产量等多种优点，目前我国已有 60% 以上的蔬菜品种采用育苗移栽（张雪琪等，2018）。与人工移栽相比，机械播种具有提高劳动效率，节约生产成本的优点。能够使用机械化进行移栽的蔬菜有茄子、辣椒、番茄等茄科作物，甘蓝、白菜等十字花科作物。按照移栽机栽苗器的种类可分为鸭嘴式、钳夹式、挠性圆盘式、导苗管式、机械爪式（表 2-2）（张雪琪等，2018）。各地方应该根据当地土壤、气候和蔬菜种类选择栽培机。在上海地区洋马 PF2R 全自动双行移栽机和意大利 Hortech 蔬菜移栽机适用于露地和连栋大棚蔬菜生产，井关 PVHR2-E18 移栽机适用于较小田块和部分连栋大棚蔬菜生产，鼎铎 2ZB-2 移栽机对小型棚室具有一定的推广价值和优势（岳崇勤等，2018）。

表 2-2　常见蔬菜移栽机

移栽机种类	机　型
鸭嘴式移栽机	日本井关 PVH1TC 半自动移栽机、东风井关 2ZY-2A 乘坐式 2 行蔬菜移栽机、久保田 2ZS-1C 全自动蔬菜移栽机、青州华龙 2ZBZ-2A 型半自动乘坐式移栽机、鼎铎 2ZB-2 半自动移栽机、魏新华等人研制的穴盘苗全自动移栽机、新疆农业科学院等研制的 2ZT-2 型纸筒甜菜移栽机

（续）

移栽机种类	机　　型
钳夹式移栽机	美国玛驰尼克1000-2钳夹式双行半自动移栽机、法国Pearson全自动移栽机、荷兰MT移栽机、韩绿化等人研制的穴盘育苗移栽机两指四针钳夹式取苗末端执行器、山东华盛半自动移栽机、富来威2ZQ半自动移栽机
挠性圆盘式移栽机	日本久保田半自动大葱移栽机、德国PRIMA夹盘式移栽机、法国皮卡尔多移栽机
导苗管式移栽机	澳大利亚Williannmes等研制的全自动移栽机、中国农业大学研制的2ZDF型半自动导苗管式移栽机、山东工程学院研制的2ZG-2型移栽机、燕亚民等人研制的导苗管式烟草移栽机
机械爪式移栽机	日本洋马公司伊藤尚胜等人研制的取栽一体式PF2R全自动移栽机、中农机丰美2ZS-2型移栽机

四、机械化田间管理

与传统人工喷施农药相比，无人机喷施农药具有喷药效率高、防治效果好、综合成本低、对操作人员安全等优点，目前已经在多种作物上得到了应用。《我国到2020年农药使用量零增长行动方案》提出淘汰传统植保喷洒器具，推广新型高效植保机械，包括固定翼飞机、直升机、植保无人机等现代植保机械。目前，市场上常使用的植保无人机主要有零度公司"守护者—Z10"农业植保无人机、汉和航空汉和CD-15型油动植保无人机，以及大疆MG-1农业植保无人机。同时，植保无人机也出现了专业化趋势，有专门的团队进行无人机植保操作。

五、机械化收获

与种植的其他环节相比，蔬菜机械化收获的研究相对落后。在欧美等发达国家，番茄、土豆、胡萝卜和洋葱等收获已经实现了全面的机械化，而黄瓜、菠菜、韭菜和甘蓝等部分实现了机械化收获。目前，蔬菜收割机的发展趋势为采收、整理和包装为一体，极大地节约了劳动力成本。表 2-3 为部分蔬菜收获机械。

表 2-3　蔬菜收获机械

机型	收获对象	研发单位
PT-K-2	甘蓝	马彻-韦尔德制造公司
芦蒿收获机	芦蒿	南京农业农村部农业机械化研究所、盐城市盐海拖拉机制造有限公司
金花菜收获机	金花菜	江苏大学、镇江市农业机械技术推广站
通用叶类蔬菜有序收获机	叶菜	南京农业大学工学院、农业农村部南京农业机械化研究所果蔬茶创新团队
SLIDE TW 型叶菜收获机	叶菜	意大利 HORTECH 公司
MT-200 型叶菜收获机	叶菜	韩国播蓝特蔬菜公司
HC290 番茄收获机	番茄	美国 Pik Rite 公司
3100 型黄瓜收获机	黄瓜	美国 Pik Rite 公司
Rapid T 甘蓝收获机	甘蓝	意大利 Hortech 公司
Slide ECO 收获机	鸡毛菜	意大利 Hortech 公司
STM-100 PU 型韭菜收获机	韭菜	丹麦 Asa-Lift 公司
lide Valeriana Eco	莴苣、缬草	意大利 Hortech 公司

传统的人工水果采摘存在采摘效率低、易伤果、采摘成本高等问题。果实采摘机械化不仅可以提高水果的采摘效率，同时不至于损伤果实。机械采摘可以分为 3 种类型，分别是阵摇式采摘、机械臂采摘和机器人采摘。

（一）阵摇式采摘

阵摇式采摘指借助机械的外力作用，使果树摇晃，给水果一个加速度，从而与枝头脱离，落下的果实由设在树下的帆布带式、V 形双收集面式或倒伞式接果装置承接。优点是成本低，效率高，容易使用。缺点是会对果树损伤较大，有可能影响果树来年的结果，对果也会造成一定的损伤，一般用于加工用果品采收。

（二）机械臂采摘

机械臂采摘主要包括果实梗夹持剪切装置、控制装置及手持杆，通过手柄控制果实梗夹持剪切装置进行夹持和切断动作，果实梗切断后，继续紧握手柄，仍然可以保持对果实梗的夹持，并统一收集，在采摘过程中对枝、叶、果无任何损伤。通过更换不同连接杆的长度，调节机械手工作范围，可以对不同高度的果实进行采摘（张宏伟，2019）。

（三）机器人采摘

水果采摘的机器人一般是由 5 个部分组成的，分别是机械手臂、末端执行器、视觉识别装置、行走装置、中心控制系统。水果采摘机器人先通过彩色的摄像头与图像的处理器组成的视觉识别装置，根据成熟果实的颜色，识别是否为成熟的果实，识别之后，通过行走装置移动到目标点，行走装置具有 4 个轮子，可以在果园内部随意的移动，再使用末端执行器将果实抓住、吸紧，末端执行器由果实启动吸嘴和橡胶材质的手指组成。最后一步，是利用机械手臂中的腕关节的旋转将果实拧下来，或者利用机械手臂上的剪切装置将果柄剪断（王杰等，2018）。机械人采摘自动化程度高、不伤害果实，但采摘速度较慢，目前用于草莓等易受损伤果实的采摘。

第六节　智慧农业和精准农业

一、智慧农业

农业具有对象多样，地域广阔，偏僻分散，远离都市社区，通信条件落后等特点，因此，在多数情况下，农业数据信息的获取非常困难。随着电子技术，无线网络催生了物联网技术的发展，智慧农业就是将物联网技术运用到传统农业中去，运用传感器和软件通过移动平台或者电脑平台对农业生产进行控制，使传统农业更具有"智慧"。除了精准感知、控制与决策管理外，从广泛意义上讲，智慧农业还包括农业电子商务、食品溯源防伪、农业休闲旅游、农业信息服务等方面的内容。智慧农业是将农业生产、销售等产业链看成是一个有机的整体，将信息技术综合、全面、系统的应用到农业系统的各个环节，是信息技术在农业中的全面应用（周国民，2009）。

农业物联网，即通过各种仪器仪表实时显示或作为自动控制的参变量参与自动控制中的物联网。可以为温室精准调控提供科学依据，达到增产、改善品质、调节生长周期、提高经济效益的目的。农业物联网一般应用是将大量的传感器节点构成监控网络，通过各种传感器采集信息，以帮助农民及时发现问题，并且准确地确定发生问题的位置，这样农业将逐渐地从以人力为中心、依赖于孤立机械的生产模式转向以信息和软件为中心的生产模式，从而大量使用各种自动化、智能化、远程控制的生产设备。

大棚控制系统中，运用物联网系统的温度传感器、湿度传感器、pH 传感器、光照度传感器、CO_2 传感器等设备，检测环境中的温度、相对湿度、pH、光照强度、土壤养分、CO_2 浓度等物理量参数，保证农作物有一个良好的、适宜的生长环境。远程控制的实现使技术人员在办公室就能对多个大棚的环境进行监测控制。采用无线网络来测量获得作物生长的最佳条件。

（一）基本介绍

随着世界各国政府对物联网行业的政策倾斜和企业的大力支持和投入，物联网产业被急速的催生，根据国内外的数据显示，物联网从1999 年至今进行了极大的发展渗透进每一个行业领域。可以预见将来越来越多的行业领域以及技术、应用会和物联网产生交叉，向物联方向转变优化已经成为时代的发展方向，物联网的发展，科技融合的加快（图 2-7）。

物联网被世界公认为是继计算机、互联网与移动通信网之后的世界信息产业第三次浪潮。其是以感知为前提，实现人与人、人与物、物与物全面互联的网络。在这背后，则是在物体上植入各种微型芯片，用这些传感器获取物理世界的各种信息，再通过局部的无线网络、互联网、移动通信网等各种通信网络交互传递，从而实现对世界的感知。

传统农业，浇水、施肥、打药，农民全凭经验、靠感觉。如今，

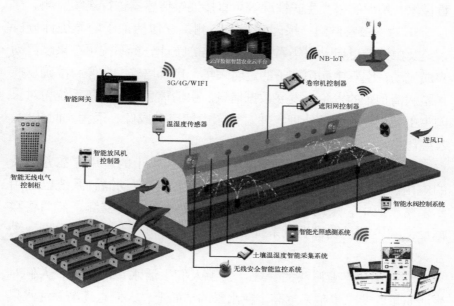

图 2-7 农业物联网平台

设施农业生产基地，看到的却是另一番景象：瓜果蔬菜浇水、施肥、打药，保持精确的浓度、温度、湿度、光照、CO_2 浓度等一系列作物在不同生长周期曾被"模糊"处理的问题，都有信息化智能监控系统实时定量"精确"把关，农民只需按个开关，做个选择，或是完全听"指令"，就能种好菜、养好花。

在果树产业上，应用物联网技术，可以得到我国的果树产业在环境管理、果树生长管理、病虫害管理、溯源管理等方面的相应数据，然后经过 3 个层面的传输，最终得到关于果树生产的自动化控制操作。

1. 对环境的监测 果树生长环境中的光照、温度、土壤、水分、肥料等各方面的都会影响果树的生长。目前，通过环境监测传感器可实时监测果树生长环境中温度、湿度、光照强度、降水量、CO_2 浓度等气象指标及土壤水分、温度、盐度、pH、EC 值等土壤信息。

2. 对果树的监测 过去果树生长情况主要靠人工观察、测量，随着植物检测系统的研发，果树形态、叶面温度及湿度、径流速度、直径增长情况、果实生长情况等可直接通过传感器进行连续监测。

3. 对病虫害监测 果园病虫害监测系统包括孢子培养统计分析系统及虫情信息自动采集系统。孢子培养统计分析系统可在果园自动完成流动在空气中病菌孢子的定时采集，自动培养、成像，准确掌握果园病情孢子的发生、发展数据信息。虫情信息自动采集系统可对果园害虫完成自动诱杀处理，并对果园虫情自动成像、远程实时传输，掌握昆虫活动时间、活动种类和天敌数量。

4. 对生产的管理 果树产业在物联网技术上的应用存在着巨大的应用价值，尤其是在生产管理方面。目前，自动灌溉系统已应用到果树产业中，采用无线传感器对土壤的水分进行监测，然后将数据反馈到控制系统，灌溉系统的阀门根据监测的土壤水分数据自动开关。

5. 对果树产业源头的管理 由于人们生活水平的提高，人们对生活质量的要求也越来越高。在水果的层面上，人们也逐渐关注水果的质量和安全，为了追溯果树产业的源头，也可以利用物联网技术对此进行管理（聂磊云等，2016）。

（二）原理

在计算机互联网的基础上，利用 RFID、无线数据通信等技术，构造一个覆盖世界上万事万物的"internet of things"。在这个网络中，物品（商品）能够彼此进行"交流"，而不需人的干预。其实质是利用射频自动识别（RFID）技术，通过计算机互联网实现物品（商品）的自动识别和信息的互联与共享。

（三）步骤

（1）对物体属性进行标识，属性包括静态和动态的属性。静态属性可以直接存储在标签中，动态属性需要先由传感器实时探测。

（2）需要识别设备完成对物体属性的读取，并将信息转换为适合网络传输的数据格式。

（3）将物体的信息通过网络传输到信息处理中心，处理中心可能是分布式的，如家里的电脑或者手机，也可能是集中式的，由处理中心完成物体通信的相关计算。

（四）优势

1. 科学栽培　经过传感器数据剖析可断定土壤适合栽培的作物种类，经过气候环境传感器能够实时收集作物成长环境数据。

2. 精准操控　经过布置的各种传感器，体系迅速依照作物成长的请求对栽培基地的温湿度、CO_2浓度、光照强度等进行调控。

3. 进步功率　与传统农业栽培方法不一样，物联网农业栽培方法根本完成体系主动化、智能化和长途化。比手工栽培模式更精准更高效。

4. 绿色农业　传统农业很难将栽培过程中的一切监测数据完好记录下来，而物联网农业可经过各种监控传感器和网络体系将一切监控数据保存，便于农产品的追根溯源，完成农业生产的绿色无公害化。

二、精准农业

精准农业就是农作物本阶段需要什么给什么、需要多少给多少，改变了传统生产方式上给什么吃什么的种植习惯。相对于传统农业，精准农业最大的特点是以科学的管理技术结合农作物的生长特性，以最少的自然资源投入，换取最大的农业产出。其不过分强调高产，而主要强调效益。精准农业主要由八大系统组成（图2-8）。其核心是建立一个完善的农田地理信息系统，是信息技术与农业生产全面结合的一种新型农业。

精准农业主要体现在5个方面，即精准制导、精准变量施肥施药、精准变量播种、大数据和精准营养素应用（张辉等，2018）。精准制导、大数据和精准营养素应用均是为精准变量施肥施药、精准变量播种服务。由于受到天气条件等环境条件的影响，精准施肥施药在温室栽培中使用较多，在大田的应用相对较少。

精准变量施肥施药技术是依据农作物的生长状态、田间土壤的肥料利用率、病虫害发生情况和环境条件有针对性的施肥施药技术。其主要包括两大部分：一是施肥施药的机械，二是控制施肥施药的管理系统（表2-4）。

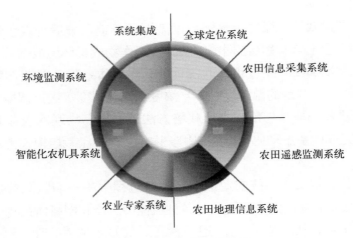

图 2-8 精准农业主要系统

表 2-4 国内开发的精准变量施肥控施药控制系统

系统	研发单位
中国土壤肥料信息系统	中国农业科学院土壤肥料研究所
小麦综合管理专家系统	北京市农林科学院作物研究所
变量施肥智能空间决策支持系统	河北农业大学人工智能研究中心

第三章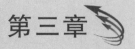

现代畜禽养殖业

第一节　现代家畜养殖

一、现代家畜养殖品种

（一）适合生态养殖的牛品种

1. 秦川牛　中国优良的黄牛地方品种，中国五大黄牛品种之一。体格大、役力强、产肉性能良好，因产于陕西省关中地区的"八百里秦川"而得名。秦川牛毛色以紫红色和红色居多，约占总数的80%，黄色较少。该牛体型大，各部位发育均衡，骨骼粗壮，肌肉丰满，体质强健；肩长而斜，前躯发育良好，胸部深宽，肋长而开张，背腰平直宽广，长短适中，荐骨部稍隆起；成年公牛体重600～800千克，母牛380千克。短期肥育后屠宰率为50%～52%。泌乳期平均7个月，泌乳量约700千克。秦川牛曾被我国多省引进，用以改良当地黄牛，其后代的体格和役力均超过当地牛，且后代易于育肥，肉质细致，瘦肉率高，"大理石纹"明显，18月龄育肥牛平均日增重为550克（母）或700克（公），平均屠宰率达58.3%，净肉率达50.5%。

2. 南阳牛　南阳牛产于河南，是全国五大良种黄牛之一，其特征主要体现在体躯高大，力强持久，肉质细，香味浓，"大理石纹"明显，皮质优良。南阳黄牛属大型役肉兼用品种，毛色分黄、红、白3种，黄色为主，而且役用性能、肉用性能及适应性能俱佳。公牛最大体重可达1 000千克以上，公牛屠宰平均为52.2%，净肉率

43.6%，骨肉比为 1∶5.06，胴体产肉率为 83.5%，眼肌面积为 60.9 平方厘米。血液占体重的 3.1%，心脏占体重的 0.63%，肺占 0.62%，脾占 0.16%，胃占 3.62%，肠占 2.18%。

3. 鲁西黄牛　鲁西黄牛是中国著名的"五大名牛"之一，又名山东膘肉牛，主产于山东梁山县，被毛呈棕红或浅黄色，以黄色居多，故名鲁西黄牛。其遗传性能稳定、挽力强、耐粗饲、宜管理、皮肤干燥富有弹性、役肉兼用而著称。鲁西黄牛体躯高大，前躯发育好，肌肉发达，体质结实，结构匀称，适应性强，皮薄，产肉率较高，肉质鲜嫩，脂肪均匀地分布在肌肉纤维之间，形成明显的"大理石纹"，有"五花三层肉"之美誉，是世界上著名的肉用品种牛之一，已经列入国家级畜禽遗产资源重点保护品种名录。公牛体重可达 800～1 200 千克，高 170～190 厘米。最大挽力平均 299.33 千克，18 月龄的阉牛平均屠宰率为 57.2%，净肉率为 49.0%，骨肉比 1∶6.0，脂肉比 1.00∶4.23，眼肌面积 89.1 平方厘米。成年牛平均屠宰率为 58.1%，净肉率为 50.7%，骨肉比 1∶6.9，脂肉比 1∶37，眼肌面积 94.2 平方厘米。肌纤维细，肉质良好，脂肪分布均匀，"大理石纹"明显，生长发育快、周岁体尺可长到成年的 79%，体重相当出生重的 10.1 倍，性情温顺，体壮抗病，便于养殖。

4. 延边牛　延边牛是东北地区优良地方牛种之一。延边牛产于东北三省东部的狭长地带，分布于吉林省延边朝鲜族自治州的延吉等地，延边牛是朝鲜与本地牛长期杂交的后代，也有蒙古牛的血缘。延边牛体质结实，抗寒性能良好，耐寒，耐粗饲，耐劳，抗病力强，适应水田作业。延边牛属寒温带山区的役肉兼用品种。公牛头方额宽，角基粗大，多向外后方伸展成一字形或倒八字角，颈厚而隆起，肌肉发达。母牛头大小适中，角细而长，多为龙门角，乳房发育较好。母牛初情期为 8～9 月龄，性成熟期平均为 13 月龄，公牛平均为 14 月龄；泌乳期 6～7 个月，一般牛产乳量 700～800 千克，乳脂率 5.8%～6.6%；屠宰率为 57.7%，净肉率为 47.23%，肉质柔嫩多汁，鲜美适口，"大理石纹"明显，眼肌面积 75.8 平方厘米。

5. 晋南牛　晋南牛产于山西省西南部汾河下游的晋南盆地，晋南牛是著名的地方良种黄牛之一。晋南牛属大型役肉兼用品种，体躯高大结实，以枣红色为主，鼻镜呈粉红色，蹄壁多呈粉红色，质地致密。公牛头短额宽，眼大有神，颈粗而短，垂皮发达，前胸宽阔，背腰平直、前肢端正，后肢弯度大。母牛头部清秀，臀部、股部发育比较丰满，附着肉较多，偏于肉役兼用。晋南牛成年体重公牛 700 千克以上，母牛 400 千克以上，12～24 月龄公牛日增重 1.0 千克，母牛日增重 0.8 千克，成年牛在育肥条件下日增重可达 851 克（最高日增重可达 1.13 千克）；24 月龄公牛屠宰率为 55%～60%，净肉率为 45%～50%。眼肌面积公牛 83 平方厘米、母牛 68 平方厘米。

（二）适合生态养殖的羊品种

1. 滩羊　滩羊属蒙古羊系统，为著名裘皮用绵羊。主要分布在宁夏贺兰山区及其毗邻的半干旱荒漠草原和干旱草原。公羊有螺旋形大角，母羊多无角或有小角。头部常有褐色、黑色或黄色斑块，背腰平直，被毛白色，呈长辫状，有光泽，纤维细长均匀。成年公羊体高平均 69.18 厘米，胸围平均 87.71 厘米；成年母羊体高平均 63.14 厘米，胸围 72.46 厘米；成年公羊体重平均 45 千克，成年母羊体重 32.96 千克；7～8 月龄性成熟，18 月龄开始配种，每年 8～9 月为发情旺季，产羔率为 101%～103%。每年剪毛 2 次，公羊平均产毛 1.6～2.0 千克，母羊产毛 1.3～1.8 千克，净毛率为 60% 以上。

2. 湖羊　湖羊是世界上唯一的多胎白色羔皮羊品种，主要分布于浙江、江苏等太湖流域。湖羊头面狭长，鼻梁隆起，耳大下垂，公母羊均无角，其为稀有白色羔皮羊品种，具有早熟、四季发情、一年 2 胎、每胎多羔、泌乳性能好、生长发育快。改良后产肉性能、耐高温高湿等性状显著提高。成年羊体重：公羊 65 千克以上、母羊 40 千克以上，3 月龄断奶体重公羔 25 千克以上，母羔 22 千克以上屠宰后净肉率为 38% 左右。湖羊性成熟早，生长快，常年发情和配种，繁殖率很高，每胎多在 2 只以上，高的可达 6～8 只，平均产羔率为 228.92%。在正常饲养条件下，日产乳 1 千克以上，每年春、秋两季剪毛，公羊 1.25～2.00 千克、成年母羊 2 千克，被毛中干死毛较少，平均细度 44 支，净毛率为 60% 以上，适宜织地毯等。

3. 小尾寒羊　小尾寒羊是中国独有的品种，由绵羊和新疆细毛羊杂交育成，是全国绵羊优良品种之一，主要分布于山东、河北、河南、江苏等省部分地区。小尾寒羊，具有生长发育快、早熟、繁殖力强、性能遗传稳定、适应性强，四肢较长，头颈长，体躯高，鼻梁隆起，早熟、多胎、多羔，小尾寒羊 6 月龄即可配种受胎，年产 2 胎，胎产 2～6 只，有时高达 8 只，每年产羔率达 500% 以上。小尾寒羊 4 月龄即可育肥出栏，年出栏率达 400% 以上；体重 6 月龄可达 50 千克，周岁时可达 100 千克，成年羊可达 130～190 千克。周岁育肥羊屠宰率为 55.6%，净肉率为 45.89%。小尾寒羊肉质细嫩，肌间脂肪呈大理石纹状，肥瘦适度，鲜美多汁，肥而不腻，鲜而不膻。

4. 藏羊　藏羊主要分布在青藏高原，青海、西藏是主要产区。分布广，家畜中比重最大，是我国三大原始绵羊品种之一，具有抗严寒、耐粗饲、适应高海拔、体质强壮、行动敏捷、善于爬高走远的特点。公母羊多有角，母羊无角者仅占 9.6%。公羊角粗大，长而扁平，呈螺旋形或捻曲状，尖端向外，向左右伸展。母羊角扁平，比公羊角稍小，多呈捻曲状，有的呈小柱角。四肢粗壮，筋腱发达，蹄黑色或深褐色，蹄质坚实。在自然放牧条件下，中等营养状况的藏羊屠宰率均在 42%～49%，净肉率均在 40% 左右，成年公、母羊年平均剪毛量分别为 0.99～1.85 千克、0.61～1.15 千克。藏羊肉嫩味美，膻味小，是青海、西藏居民的主要肉食。

5. 阿勒泰羊　阿勒泰羊主要产于新疆北部的福海、富蕴、青河等县，是哈萨克羊种的一个分支，以体格大、肉脂生产性能高而著称。阿勒泰羊属肉、脂兼用粗毛羊，其生长发育快，产肉能力强，适应终年放牧条件。公羊具有大的螺旋形角，鼻梁深，鬐甲平宽，背平直，母羊乳房大。成年公羊平均体重为 93 千克、母羊为 68 千克，产羔率为 110.3%，屠宰率为 52.88%，胴体重平均为 39.5 千克，脂臀占胴体重的 17.97%。

6. 新疆细毛羊　新疆细毛羊是我国自行培育的第一个毛肉兼用细毛羊品种，产于新疆天山北麓。1954 年，被命名"新疆细毛羊"，近年被国家定名为"中国美利奴羊"。新疆细毛羊高大雄伟，体质结实，骨骼健壮，从头到脚，全身洁白，毛质纤细，平均每只羊产毛量5千克。成年公羊体重平均为93千克、母羊为46千克，产肉性能良好，成年屠宰率平均为49.5%，净肉率为40.8%；成年种公羊平均产毛量为12.42千克，母羊平均产毛量为5.46千克，净毛率为52.28%。新疆细毛羊的毛，其细度、强度、伸长度、弯曲度、羊毛密度、油汗和色泽等方面都达到了很高的标准。

7. 东北细毛羊　东北细毛羊是中国自行培育的第二个毛肉兼用细毛羊，原产东北地区，由斯大夫羊、苏联美利奴羊、新疆细毛等公羊与产地母羊杂交育成。体格结实健壮，耐粗饲，羊毛品质比较好，是一种毛肉兼用型新品种。公羊有角，母羊无角。体形高大，颈部有皱褶。成年公羊体重90千克以上、母羊约50千克，适应性强，耐粗饲，耐寒暑，抗病力强，羊毛产量高。东北细毛羊剪毛后体重，育成公羊42.95千克，育成母羊38.78千克，成年公羊83.66千克，成年母羊45.03千克；剪毛量育成公羊为7.15千克，育成母羊6.58千克；成年公羊剪毛量为13.44千克，成年母羊为6.10千克。羊毛长度成年公羊为9.33厘米，成年母羊7.37厘米；细度以60支纱和64支纱为主。

8. 贵州白山羊　贵州白山羊产于贵州，是贵州省优良地方肉用山羊良种，具有性成熟早、繁殖力强、适应性广、肉质优良、遗传性能稳定等特点。公母羊均有角，颌下有须，公羊颈部有卷毛，少数母羊颈下有一对肉垂。贵州白山羊初生重，公羔平均为1.7千克，母羔平均为1.6千克，成年公羊体重平均为32.8千克，成年母羊平均为30.8千克，屠宰率平均为57.92%，净肉率平均为40.02%，平均产羔率为273.60%，适合在山地等丘陵地带养殖。

(三) 适合生态养殖的猪品种

1. 荣昌猪　荣昌猪是世界八大优良种猪之一，因原产于重庆市荣昌区而得名。荣昌猪结构匀称，毛稀，鬃毛洁白、粗长，背腰微凹，腹大而深，四肢细致、坚实，乳头6～7对，对环境的适应性强，耐粗饲，性情温驯，被毛白色，两眼四周或头部有大小不等的黑斑，别称为"金架眼""黑眼头""黑头""两头黑""飞花""洋眼"等。

成年公猪平均体重 98 千克，成年母猪体重 87 千克左右，繁殖利用年限 6～7 年，初产为 6.7 头，经产为 10.2 头，初生个体重为 0.86 千克左右，屠宰率为 69%，瘦肉率为 42%～46%，腿臀比例为 29%，荣昌猪现已发展成为我国养猪业推广面积最大、最具有影响力的地方猪种之一。

2. 金华猪 金华猪主产浙江义乌等地，因其头颈部和臀尾部毛为黑色，其余各处为白色，故又称"两头乌"，又称金华两头乌或义乌两头乌，是我国著名的优良猪种之一。金华猪具有成熟早、肉质好、繁殖率高等优良性能，腌制成的"金华火腿"质佳味香，外形美观，蜚声中外。成年公猪平均体重 140 千克，母猪为 110 千克。平均产仔 14.25 头，肥育猪 8～9 月龄，体重达 63～76 千克，屠宰率 71.71%，胴体中瘦肉占 43.36%、脂肪占 39.96%、皮占 8.54%、骨占 8.14%。金华猪的优点是产仔多，母性好，早熟易肥，屠宰率高，皮薄骨细，肉质细嫩，膘不过厚，板油较多，质地良好。

3. 江苏淮猪 江苏淮猪主要分布在江苏北部徐州、淮安等东部沿海及鲁南地区，头部面额部皱纹浅而少呈菱形，嘴筒较长而直，耳稍大、下垂，体型中等，全身被毛黑色，较密，冬季生褐色绒毛。公猪下颌两侧有 1 对獠牙，成年公猪前肢上部形成盔甲状，母猪乳头数 7～10 对。初产母猪平均窝产仔 9.1 头，平均二胎窝产仔数 12.8 头，平均三胎窝产仔数 13.1 头；出生重平均 1.14 千克，6 月龄平均体重 75 千克，背膘厚 3 厘米，屠宰率为 65%，瘦肉率为 44.5%。以淮猪为母本，以长白、大约克夏、杜洛克、汉普夏等优良瘦肉型猪为父本进行杂交，杂交猪瘦肉率可达 55%，日增重在 0.6 千克以上，是理想的养殖品种。

4. 湖南宁乡猪 宁乡猪原产于湖南省宁乡市流沙河、草冲一带的土花猪，俗称流沙河猪或草冲猪。宁乡猪体型中等，躯干较短，腹大下垂，四肢粗短，两耳下垂，呈"八"字形；头有狮子头、福字头、阉鸡头 3 种头型；毛色有乌云盖雪、大黑花、小散花 3 种毛色。尾根低，尾尖及帚扁平，俗称"泥鳅尾"。宁乡猪成年公母猪平均体重分别为 112.8 千克和 93.0 千克，经产母猪产仔数为 11.5 头，饲养 150 天时可达 71.0 千克，屠宰率为 70.30%，膘厚 4.00 厘米，瘦肉率为 37.66%～41.08%。宁乡猪性情温顺，耐粗饲，早熟易肥，生长发育较快，蓄脂力强，脂肪分布均匀，肉细嫩鲜美，屠宰率较高。缺点是体格偏小，体质欠结实，其类型和毛色的遗传不够稳定等。

5. 东北民猪　东北民猪是华北猪种，在世界地方猪品种排行第 4，作为一个种质资源，东北民猪本身具有其他很多猪种不具备的优点，以产仔量高，抗病强、耐畜饲、杂交效果显著。全身的毛为黑色，面长耳大下垂，乳头 7 对以上。成年公猪平均体重 110 千克，母猪体重 90.3 千克；3～4 月龄即有发情表现，公母猪 6～8 月龄、体重 50～60 千克即开始配种，成年母猪受胎率一般为 98%，窝产仔数 14.7 头。

6. 太湖猪　太湖猪是世界上产仔数最多的猪种，享有"国宝"之誉，无锡地区是太湖猪的重点产区。太湖猪属于江海型猪种，产于江浙地区太湖流域，是我国猪种繁殖力强、产仔数多的著名地方品种。体型中等、头大额宽、额部皱褶多，全身被毛黑色或青灰色，毛稀疏，腹部皮肤多呈紫红色，俗称"四白脚"。乳头数多为 8～9 对，成年公猪平均体重为 120 千克，母猪平均为 100 千克，屠宰率 65%～70%，瘦肉率为 45.08%、脂肪占 28.39%、皮占 18.08%、骨占 11.69%。

7. 陆川猪　陆川猪主要分布于广西壮族自治区，属华南猪种，是中国八大地方优良猪种之一。陆川猪短、宽、肥、圆，背腰宽广凹下，腹大常拖地，毛色呈一致性黑白花，成熟早繁殖力高，母性好，遗传性能稳定，适应性广、耐粗饲并且抗病能力强，肉嫩味鲜。成年公猪平均体重为 106.1 千克，母猪为 117.1 千克，平均产仔 11.4 头，经产母猪生的仔猪平均初生重为 0.6 千克。在一般饲养水平下，10 月幼肥育猪平均体重为 82.79 千克，在较高的饲养水平下，肥育猪养至 360 日龄，体重可达 106.36 千克，平均日增重 328 克，每千克增重消耗精料 4.23 千克，屠宰适期为 8 月龄，体重 70 千克左右。屠宰率为 71.65%。陆川猪的优点是早熟易肥，皮薄、肉嫩，含脂率和出肉率较高，繁殖力和哺育率均较强，耐粗饲，适应性好，缺点是体型偏小，四鼓较短、背凹，腹下垂拖地，大腿欠丰满。

二、现代家畜养殖技术

（一）牛的养殖技术

1. 牛的营养需求与饲料　现代化养牛就是按照和经济学原理，综合运用先进的畜牧、兽医、种植等学科最新技术成果，消化吸收再创新，以物质循环再生原理和物质多层次利用，在汲取传统农业的有效经验上，实现较少或无养殖废弃物的排放，提高资源利用效率的养殖生产模式。其作为一种环境友好型养殖方式，最主要的目的就是促使传统养殖业逐步摆脱对化学农药、化学肥料、抗生素等化学品的依赖以及自然环境的束缚，最大限度地提高畜牧业产量和减少使用其他有害化学品和污染物，是目前世界上高级别的牧业高效生产模式。

（1）养牛的营养需要　在养殖过程中，无论是奶牛还是肉牛，其营养需要主要包括能量、蛋白质、矿物质、维生素及水分等部分。

（2）能量需要　能量是动物维持生命活动及生长、繁殖、生产等所必需的，是动物的第一营养提供原料。畜牧业里养牛所需身体营养，主要来源于喂养的饲草料，日常食料中含有高蛋白、高糖分和脂肪，为牛的新陈代谢提供能量需求。

（3）蛋白质需要　蛋白质是动物机体维持正常生命活动所不可缺少的物质，牛皮、牛毛、肌肉、蹄、角、内脏器官、血液、神经、各种酶、激素等都离不开蛋白质。因此，不论幼牛、青年牛、成年牛或是奶牛和肉牛均需要一定量的蛋白质来满足维持生长、繁殖和泌乳的需要。蛋白质不足，会影响牛胎儿发育，导致生产性能和繁殖性能降低；过多则导致饲料成本增加、饲料资源浪费，甚至机体中毒、环境污染等。反刍动物生活和生产所需蛋白质主要来自日粮过瘤胃蛋白质和瘤胃微生物蛋白质。

（4）矿物质元素需要　矿物质元素是动物维持正常生长和繁殖功能所必需的营养物质。牛生长发育、繁殖、产肉、产奶、新陈代谢都离不开矿物质。现已确认牛所需的矿物元素有 20 多种。动物体内含量大于 0.01％的为常量元素，包括钙、磷、钠、氯、钾、镁、硫等；动物体内含量少于 0.01％的元素称作"微量元素"，通常牛的体内含有的微量元素有铁、锌、铜、锰、铬等。

(5) 维生素需要　维生素是化学结构不同、生理功能和营养作用各异的低分子有机化合物。尽管维生素不是构成牛组织器官的主要原料，也不是有机体能量的来源，牛每天的绝对需要量也很少，但却是牛维持体能需要所必需的营养物质。维生素包括维生素 A、维生素 C、维生素 D、维生素 E、维生素 K 和 B 族维生素，维生素 A 可以促进牛犊的生长发育，保护成年种牛的黏膜健康；维生素 D 可以促进牛体对钙和磷的吸收速率，体内缺少会造成牛犊发育不良，骨骼松软甚至瘫痪。

(6) 水分需要　水是生命活动的基础，是动物机体一切细胞和组织必需的构成成分，动物机体内养分和其他营养物质在细胞内外的转运、养分的消化和代谢、消化代谢废物和多余热量的排泄、体液的酸碱平衡以及胎儿生长发育的液体环境，都需要水的参与。因此，水是牛最重要的营养素。奶牛体内水分含量为 56％～81％，可分为细胞内液和细胞外液两部分。牛的水主要来源于饮水、饲料中的水分和体内有机物代谢水，其中饮水方式可提供 70％～97％的水，而牛的代谢水只能满足需要量的 5％～10％。牛机体水损失是通过泌乳、尿和粪的排泄、排汗以及肺呼吸的水分蒸发。牛的饮水量受气候、产奶量、干物质采食量、日粮组成、牛生理状况等因素的影响。如果养殖中长期缺少水分，会造成机体新陈代谢紊乱，体内消化系统发生错乱，体内物质转化变慢，营养流失，体温升高，更严重可能会造成牛的死亡。水对幼牛和产奶母牛更为重要，产奶母牛因缺水而引起的疾病要比缺乏其他任何营养物质来得快，而且严重。因此，水分应作为一种营养物质加以供给。

(7) 粗饲料　粗饲料是指含有粗纤维较多、容积大、营养价值较低的一类饲料。通常喂养的有青干草、玉米秸秆、树叶、作物叶片。粗饲料的主要特点是资源广、成本低，是牛最廉价的饲料。粗饲料的纤维含量高为 20％～50％，无氮浸出物含量少，缺乏淀粉和糖，蛋白质含量差异大，豆科干草可达 20％以上，禾本科占 6％～10％，秸秆、秕壳只有 2％～5％，而且难以消化。粗饲料的钙含量高，磷含量低。维生素 D 含量丰富，其他维生素缺乏。优质育干草含有较多的胡萝卜素，秸秆和秕壳类饲料几乎不含胡萝卜素。

(8) 青绿饲料　青绿饲料指物质中天然水分含量较高的植物性饲料，并且其中含有丰富的叶绿素。通常喂养牛的青绿饲料有种植绿草、天然牧草、嫩绿枝叶、田间杂草和水草等植物。青绿饲料具有品种齐全、来源广、成本低、采集方便、加工简单、营养丰富等优点，能很好地被家畜利用。

(9) 青贮饲料　青贮饲料是指将新鲜的青刈饲料作物、牧草或收获籽实后的玉米秸秆等。包括一般青贮、半干青贮和外加剂青贮。青贮制作简便，成本低廉，各种粗饲料加工中保存的营养物质最高，是养牛业最主要的饲料来源。使用的青贮饲料有很多种类，根据生产的青贮原料不同进行分类，但是所有的青贮饲料总体上的营养价值都是相同的。其共同特征就是可以最大限度地保持青绿饲料的营养价值，在埋藏青饲料过程中，由于化学反应产生很多有机酸，完整保护了饲料中的营养价值，减少营养物质的损失，提高饲料的利用率。青贮饲料在密封状态下可以长年保存，可解决冬季青饲料供应问题，做到营养物质的全年均衡供应。

(10) 能量饲料　能量饲料是指喂食的干物质中粗纤维含量低于 18％，并且粗蛋白质含量低于 20％的饲料，主要包括谷实类及其加工副产品、块根块茎类和瓜果类及其他类。谷实类饲料大多是禾本科植物成熟的种子，此饲料的共同特性就是干物质中的无氮物含量较高，通常占饲料的 78％；常用的谷实类饲料包括玉米、高粱、稻谷、小麦、大麦、燕麦等。谷实类饲料的加工副产品、包括麸皮、米糠及玉米皮等，这种饲料共有特性是无氮浸出物含量很低，相比较其他原料其各营养成分含量很高。蛋白质饲料：蛋白质饲料是指干物质中粗纤维含量在 18％以下，粗蛋白质含量为 20％以上的饲料。这类饲料粗蛋白质含量高、粗纤维含量低，可消化养分含量高，容重大，是配合喂养饲料的精饲料。

2. 牛的饲养管理技术

(1) 犊牛的饲养管理技术　犊牛一般是指从初生到断奶阶段（一般 6 月龄断奶）的小牛，这个阶段是牛生长发育最为迅速的时期。及时喂足初乳：初乳是指母牛分娩后 5～7 天内所分泌的乳汁。初乳对犊牛有特殊的生理意义，是初生牛犊生长发育不可缺少和替代的营养品。初乳为犊牛提供丰富而易消化的营养物质，初乳黏性大，溶菌酶含量和酸度高，可以覆盖在犊牛的胃肠壁上，防止细菌的入侵和抑制细菌的繁殖，初乳中含大量的免疫球蛋白，可帮助犊牛建立免疫反应。早期补饲植物性饲料：犊牛出生 7 天后开始训练其采食青干草，可将优质干草放于饲槽内或草架上任其自由采食。出生 1 周后即可训练其采食精料，精料应适口性好、易消化，并富含矿物质、微量元素和维生素等。补料方法是在喂奶后，将饲料抹在奶盆上或在饲料中加入少量鲜奶让犊牛舔食，喂量由少到多，逐渐增加，以食后不拉稀为原则。犊牛早期断奶技术：犊牛 2.5～3.0 月龄或日可采食精料 1 千克左右时即可断奶，3 月龄以前的犊牛生长速度快，5 月龄以后可换喂育成牛日粮，每日喂 2 千克左右，并让其自由采食粗饲料，尽可能饲喂优质青干草。

为增强养殖牛健康水平，犊牛应进行早期补料技术。早期补料从 2～3 月龄开始，在母牛圈外单独设置犊牛补料栏或补料槽，以防母牛抢食。每天补喂 1～2 次，补喂 1 次时在下午或黄昏进行；补喂 2 次时，早、晚各喂 1 次。补料时将混合精料与水 1.0：2.5 混合成湿稠料。喂量要根据母乳多少和犊牛体重来确定，一般 2 月龄时开始试喂混合料，增强犊牛对补料的适应性；3 月龄日喂混合料 0.2～0.3 千克；4 月龄日喂混合料 0.3～0.8 千克；5 月龄增加到 0.8～1.2 千克，6 月龄 1.2～1.5 千克。在补料期间，供给犊牛柔软、质量好的粗料，让其自由采食。混合料根据犊牛营养需要配制。早期补料参考配方：玉米面 47%、麸皮 13%、豆饼 20%、草粉（或玉米秸粉）15%、磷酸氢钙 1.2%、食盐 0.8%、添加剂 3%。

(2) 育成牛的饲养管理技术　犊牛断奶至第 1 次配种的牛，统称为育成牛。此期间是生长发育最迅速的阶段，精心的饲养管理，不仅可以获得较快的增重速度，而且可使幼牛得到良好的发育。一是育成母牛的饲养管理。育成母牛的生长发育快，因而需要的营养物质较多，特别需要以补饲精料的形式提供营养，以促进其生长发育需要。6～12月龄为母牛性成熟期，在此时期，母牛的性器官和第二性征发育很快，体躯向高度和长度两个方向急剧生长，同时，其前胃已相当发达，容积扩大1倍左右。因此，在饲养上要求既能提供足够的营养，以刺激前胃的生长。所以对这一时期的育成牛，除给予优质的干草和青饲料外，还必须补充一些混合精料，精料比例占饲料干物质总量的30％～40％；12～18月龄，育成牛的消化器官更加扩大，为进一步促进其消化器官的生长，其日粮应以青、粗饲料为主，其比例约占日粮干物质总量的75％，其余25％为混合精料，以补充能量和蛋白质的不足；18～24月龄，这时母牛已配种受胎，生长速度逐渐减缓，体躯显著向宽深方向发展。若饲养过丰，在体内容易蓄积过多脂肪，导致牛体过肥，造成不孕；但若饲养过于贫乏，又会导致牛体生长发育受阻，成为体躯狭浅、四肢细高、产奶量不高的母牛。因此，在此期间应以优质干草、青草或青贮饲料为基本饲料，精料可少喂甚至不喂。但到妊娠后期，由于体内胎儿生长迅速，则须补充混合精料，日定额为2～3千克。如有放牧条件，育成牛应以放牧为主。在优良的草地上放牧，精料可减少30％～50％；放牧回舍，若未吃饱，则应补喂一些干草和适量精料。育成牛在管理上首先应与大母牛分开饲养，可以系留饲养，也可围栏圈养。每天刷拭1～2次，每次5分钟。同时要加强运动，促进肌肉组织和内脏器官，尤其是心、肺等呼吸和循环系统的发育，使其具备高产母牛的特征。配种受胎5～6个月后，母牛乳房组织处于高度发育阶段，为促进其乳房的发育，除给予良好的全价饲料外，还要采取按摩乳房的方法，以利于乳腺组织的发育，且能养成母牛温顺的性格。一般早晚各按摩1次，产前1～2个月停止按摩。二是育成公牛的饲养管理。公、母犊牛在饲养管理上几乎相同，但进入育成期后，二者在饲养管理上则有所不同，必须按不同年龄和发育特点予以区别对待。育成公牛的生长比育成母牛快，因而需要的营养物质较多，特别需要以补饲精料的形式提供营养，以促进其生长发育和性欲的发展。对育成公牛的饲养，应在满足一定量精料供应的基础上，令其自由采食优质的精、粗饲料。6～12月龄，粗饲料以青草为主时，精、粗饲料占饲料干物质的比例为55∶45；以干草为主时，其比例为60∶40。在饲喂豆科或禾本科优质牧草的情况下，对于周岁以上育成公牛，混合精料中粗蛋白质的含量以12%左右为宜。在管理上，育成公牛应与大母牛隔离，且与育成母牛分群饲养。留种公牛6月龄始带笼头，拴系饲养。为便于管理，达8～10月龄时就应进行穿鼻带环，用皮带拴系好，沿公牛额部固定在角基部，鼻环以不锈钢的为最好。牵引时，应坚持左右侧双绳牵导。对烈性公牛，需用勾棒牵引，由一个人牵住缰绳的同时，另一人两手握住勾棒，勾搭在鼻环上以控制其行动。肉用商品公牛运动量不易过大，以免因体力消耗太大影响育肥效果。对种用公牛的管理，必须坚持运动，上、下午各进行1次，每次1.5～2.0小时，行走距离4千米，运动方式有旋转架、套爬犁或拉车等。实践证明，运动不足或长期拴系，会使公牛性情变坏，精液质量下降，易患肢蹄病和消化道疾病等。但运动过度或使役过劳，牛的健康和精液质量同样有不良影响。每天刷拭2次，每次刷拭10分钟，经常刷拭不但有利于牛体卫生，还有利于人牛亲和，且能达到调教驯服的目的。此外，洗浴和修蹄也是管理育成公牛的重要操作项目。三是妊娠母牛的饲养管理技术。母牛妊娠后，不仅本身生长发育需要营养，而且还要满足胎儿生长发育的营养需要和为产后泌乳进行营养蓄积。因此，要加强妊娠母牛的饲养管理，使其能够正常的产犊和哺乳。四是妊娠前期的饲养管理。母牛在妊娠初期，由于胎儿生长发育较慢，其营养需求较少，为此，日粮既不能过于丰富，也不能过于贫乏，应以品质优良的干草、青草、青贮料和根茎为主，视具体情况，精料可以少喂或不喂。一般按空怀母牛进行饲养。母牛妊娠到中后期应加强营养，尤其是妊娠最后的2～3个月，加强营养显得特别重要，这期间的母牛营养直接影响着胎儿生长和本身营养蓄积。如果此期营养缺乏，容易造成犊牛初生体重低，母牛体弱和奶量不足。严重缺乏营养，会造成母牛流产。舍饲妊娠母牛，要依妊娠月份的增加调整日粮配方，增加营养物质给量。对于放牧饲养的妊娠母牛，多采取选择优质草场，延长放牧时间，牧后补饲饲料等方法加强母牛营养，以满足其营养需求。在生产实践中，多对妊娠后期母牛每天补喂 1～2 千克精饲料。同时，又要注意防止妊娠母牛过肥，尤其是头胎青年母牛，更应防止过度饲养，以免发生难产。在正常的饲养条件下，使妊娠母牛保持中等膘情即可。五是妊娠后期的饲养管理。即妊娠第 6～9 个月，必须另外补加精料，每天 2～3 千克。按干物质计算，大容积粗饲料要占 70％～75％，精料占 30％～25％，但必须避免母牛过肥，以免发生难产。六是做好妊娠母牛的保胎工作。在母牛妊娠期间，应注意防止流产、早产，这一点对放牧饲养的牛群显得更为重要，实践中应注意：将妊娠后期的母牛同其他牛群分别组群，单独放牧在附近的草场；为防止母牛之间互相挤撞，放牧时不要鞭打驱赶以防惊群；雨天不要放牧和进行驱赶运动，防止滑倒；不要在有露水的草场上放牧，也不要让牛采食大量易产气的幼嫩豆科牧草，不采食霉变饲料，不饮带冰碴水；对舍饲妊娠母牛应每日运动 2 小时左右，以免过肥或运动不足。要注意对临产母牛的观察，及时做好分娩助产的准备工作。

（3）养牛的育肥技术 牛的肥育方式一般可分为放牧肥育、半舍饲半放牧肥育、舍饲肥育 3 种。一是放牧肥育方式。放牧肥育是指从犊牛到出栏牛，完全采用草地放牧而不补充任何饲料的肥育方式，也称草地畜牧业。这种肥育方式适于人口较少、土地充足、草地广阔、降雨量充沛、牧草丰盛的牧区和部分半农半牧区。例如，新西兰肉牛育肥基本上以这种方式为主，一般自出生到饲养至 18 个月龄，体重达 400 千克便可出栏。如果有较大面积的草山草坡可以种植牧草，在夏天青草期除供放牧外，还可保留一部分草地，收割调制青干草或青贮料，作为越冬饲用。这种方式也可称为放牧育肥，且最为经济，但饲养周期长。二是半舍饲半放牧肥育方式。夏季青草期牛群采取放牧肥育，寒冷干旱的枯草期把牛群于舍内圈养，这种半集约式的育肥方式称为半舍饲肥育。此法通常适用于热带地区，因为当地夏季牧草丰盛，可以满足肉牛生长发育的需要，而冬季低温少雨，牧草生长不良或不能生长。我国东北地区，也可采用这种方式。但由于牧草不如热带丰盛，故夏季一般采用白天放牧，晚间舍饲，并补充一定精料，冬季则全天舍饲。采用半舍饲半放牧肥育应将母牛控制在夏季牧草期开始时分娩，犊牛出生后，随母牛放牧自然哺乳，这样，因母牛在夏季有优良青嫩牧草可供采食，故泌乳量充足，能哺育出健康犊牛。当犊牛生长至5～6个月龄时，断奶重达100～150千克，随后采用舍饲，补充一点精料过冬。在第二年青草期，采用放牧肥育，冬季再回到牛舍舍饲3～4个月即可达到出栏标准。此法的优点是：可利用最廉价的草地放牧，牲牛断奶后可以低营养过冬，第二年在青草期放牧能获得较理想的补偿增长。在屠宰前有3～4个月的舍饲肥育，胴体优良。三是舍饲肥育方式。牛从出生到屠宰全部实行圈养的肥育方式称为舍饲肥育。舍饲的突出优点是使用土地少，饲养周期短，牛肉质量好，经济效益高。缺点是投资多，需较多的精料。适用于人口多，土地少，经济较发达的地区。美国盛产玉米，且价格较低，舍饲肥育已成为美国的一大特色。舍饲肥育方式又可分为拴饲和群饲，一般情况下，给料量一定时，拴饲效果较好。群饲问题是由牛群数量多少、牛床大小、给料方式及给料量引起的。一般6头为一群，每头所占面积4平方米。为避免斗架，肥育初期可多些，然后逐渐减少头数；或者在给料时，用链或连动式颈枷保定。如在采食时不保定，可设简易牛栏像小室那样，将牛分开自由采食，以防止抢食而造成增重不均。但如果发现有被挤出采食行列而怯食的牛，应另设饲槽单独喂养。群饲的优点是节省劳动力，牛不受约束，利于生理发育。缺点是一旦抢食，体重会参差不齐；在限量饲喂时，应该用于增重的饲料反转到运动上，降低了饲料报酬，当饲料充分、自由采食时，群饲效果较好。

3. 牛的疫病防控技术　牛病的防治应坚持"预防为主，防重于治"的方针。实行科学的饲养管理，坚持防疫卫生制度，采取综合防治措施，是控制和消灭牛病的关键。一是建立严格消毒制度。消毒是消灭病原、切断传播途径、控制疫病传播的重要手段，是防治和消灭疫病的有效措施。设立消毒池和消毒间，场门、生产区和牛舍入口处都应设立消毒池，内置1％～10％漂白粉液，或3％～5％来苏儿、

3％～5％烧碱液，并经常更换，保持应有的浓度。有条件的牛场，还应设立消毒间（室），进行紫外线消毒。牛舍、牛床、运动场应定期消毒（每月1～2次），消毒药一般用10％～20％石灰乳、1％～10％漂白粉、0.5％～1.0％菌毒敌，或百毒杀、84消毒液均可。如遇烈性传染病，最好用2％～5％热烧碱溶液消毒。牛粪要堆积发酵，也可喷洒渗入消毒液。用2％～3％敌百虫溶液杀灭蚊、蝇等吸血昆虫。用具的消毒，用具应坚持每天用完之后消毒1次，一般用1％～10％的漂白粉、84消毒液等。工作人员进入牛舍时，应穿戴工作服、鞋、帽，饲养员不得串舍；谢绝无关人员进入牛舍，必须进入者需要穿工作服、鞋。一切人员和车辆进出时，必须从消毒池通过或踩踏消毒液，有条件的可用紫外线消毒5～10分钟，方可入内。禁止猫、狗、鸡等动物窜入牛舍，不准将生肉等带入生产区和牛舍或煮食肉类食物，不能在生产区内宰杀病牛或其他动物，并定期灭鼠。二是建立合理的免疫接种程序。为了提高牛机体的免疫功能，抵抗相应传染病的侵害，需定期对健康牛群进行疫苗或菌苗的预防注射。目前，我国应用于奶牛、肉牛的疫（菌）苗很多，为使预防接种取得预期的效果，应在掌握养殖地区传染病种类和流行特点的基础上，结合牛群生产、饲养管理和流动情况，制定比较合理而又切实可行的免疫程序，特别是对某些重要的传染病如炭疽、口蹄疫、牛流行热等应适时地进行强制预防接种。三是疫情的应急处理。发生疫情时，应立即采取有效措施，制止传染病的蔓延和扩散，使损失减少到最低程度，并及时上报有关兽医部门。首先，对病牛、可疑病牛和假定健康牛进行分群隔离；其次，对污染场地、牛舍、工具、用具及所有养殖人员和兽医人员的衣物进行彻底严格的消毒。对牛粪、病死牛进行严格的无害化处理。

（二）羊的养殖技术

1. 羊的营养需求与饲料

（1）羊的营养需求　一是能量需要。能量的作用是供给羊体内部器官正常活动、维持羊的日常生命活动和体温。饲粮的能量水平是影响生产力的重要因素之一。能量不足，会导致幼龄羊生长缓慢，母羊繁殖率下降，泌乳期缩短，生产力下降，羊毛生长缓慢、毛纤维直径变细等。能量过高，对生产和健康均不利。二是蛋白质需要。蛋白质是含氮的有机化合物，它包括纯蛋白质和氨化物，总称为粗蛋白质。氨基酸是合成蛋白质的单位，构成蛋白质的氨基酸有 20 余种。蛋白质是重要的营养物质，它是组成体内组织、器官的重要物质。蛋白质可以代替碳水化合物和脂肪产生热能，也是修补体内组织的必需物质。饲料中的蛋白质进入羊的瘤胃后，大多数被微生物利用，组成菌体蛋白，然后与未被消化的蛋白质一同进入真胃和小肠，由酶分解成各种必需氨基酸和非必需氨基酸，被消化道吸收利用。三是矿物质需要。羊正常营养需要多种矿物质，它是体内组织、细胞、骨骼和体液的重要成分，并参与体内各种代谢过程。根据矿物质占羊体的比例，分为常量元素（0.01％以上）和微量元素（0.01％以下）。常量元素有钙、磷、钠、钾、氯、镁、硫等，微量元素有铜、钴、铁、碘、锰、锌、硒、钼等。四是维生素需要。维生素是具有高度生物活性的低分子有机化合物，其功能是控制、调节有机体的物质代谢，维生素供应不足可引起体内营养物质代谢紊乱。维生素分为脂溶性维生素和水溶性维生素两大类。脂溶性维生素可溶于脂肪，羊体内有一定的储存，包括维生素 A、维生素 D、维生素 E 和维生素 K 4 种。水溶性维生素可溶于水，体内不能储存，必须由日粮中经常供给，包括维生素 C 和 B 族维生素。羊体内可以合成维生素 C，羊瘤胃微生物可合成 B 族维生素和维生素 K，一般情况下不需要补充。因此，在养羊过程中一般较重视维生素 A、维生素 D 和维生素 E 的补充。在羔羊阶段由于瘤胃微生物区系尚未建立，无法合成维生素 D 和维生素 K，所以需由饲粮提供。五是水的需要。水是羊体器官、组织和体液的主要成分，约占体重的一半。水是羊体内的主要溶剂，各种营养物质在体内的消化、吸收、运输及代谢等一系列生理活动都需要水。水对体温调节也有重要作用，尤其是在环境温度较高时，通过水的蒸发，保持体温恒定。

（2）羊的常用饲料 一是青绿饲料。青绿饲料指天然水分含量高于60％的饲料，主要包括天然和人工栽培的牧草、青饲作物、叶菜类、树枝树叶、水生饲料等。二是粗饲料。粗饲料又叫粗料，指能量含量低、粗纤维含量高（占干物质20％以上）的植物性饲料，如干草、秸秆和秕壳等。这类饲料的体积大、消化率低，但资源丰富，是羊主要的补饲饲料。这类饲料一般容积大、粗纤维多、可消化养分少、营养价值低。三是能量饲料。能量饲料是指在干物质中粗纤维含量低于18％、粗蛋白质含量低于20％的饲料。主要包括禾谷类籽实、糠麸类、块根块茎类等。四是蛋白质饲料。蛋白质饲料是指干物质中粗蛋白质含量在20％以上、粗纤维含量在18％以下的饲料。主要包括植物性蛋白质饲料和动物性蛋白质饲料。五是矿物质饲料。矿物质饲料属于无机物饲料。羊体所需要的多种矿物质从植物性饲料中不能得到满足，需要补充。常用的矿物质补充饲料有食盐、石粉、贝壳粉和磷酸氢钙、镁补充饲料、硫补充饲料等。

2. 羊的饲养管理技术

（1）羔羊的饲养管理技术　羔羊一般是指从初生到断奶阶段（一般2月龄断奶）的小羊，这个阶段是羊生长发育最为迅速的时期，应加强饲养。一是初乳期。母羊产后5天以内分泌的乳汁叫初乳。它是羔羊生后唯一的营养。初乳中含有丰富的蛋白质（17％～23％）、脂肪（9％～16％）等营养物质和抗体，具有营养、抗病和轻泻作用。羔羊生后及时吃到初乳，可增强体质，增强抗病能力，促进胎粪排出。初生羔羊应尽量早吃、多吃初乳，吃得越早、越多，增重越快，体质越强，发病少，成活率高。二是常乳期。常乳期是指出生后6～60天，这一阶段，奶是羔羊的主要食物，辅以少量草料。从初生到45日龄，是羔羊体长增长最快的时期，从出生到75日龄是羔羊体重增长最快的时期。此时母羊的泌乳量虽多，营养也高，羔羊要早开食，训练吃草料，以促进前胃发育、增加营养的来源。一般从10日龄后开始给草，将幼嫩青草吊挂在羊舍内，让其自由采食。生后20天开始训练吃料，在饲槽里放上用开水烫过的半湿料，引导小羊去啃，反复数次小羊就会吃了。45天后的羔羊逐渐以采食饲草料为主，哺乳为辅。羔羊能采食饲料后，要求提供多样化饲料，注意个体发育情况，随时进行调整，以促使羔羊正常发育。日粮中可消化蛋白质以

16%～30%为佳，可消化总养分以74%为宜，并要求适当运动。随着日龄的增加，羔羊可跟随母羊外出放牧。

(2) 羔羊早期断奶技术 传统的山羊断奶时间为2～3个月，如采取提早训练采食和补饲的方法饲养羔羊，可使羔羊在1.0～1.5月龄安全断奶。早期断奶除可促进羊发育、加快生长速度外，还可以缩短母羊的繁殖周期，达到一年两胎或两年三胎，多胎多产的目的。目前推行30～45日龄和7日龄断奶2种方式，具体做法是：30～45日龄断奶法，羔羊在10～15日龄时，应训练采食嫩树叶或牧草，以刺激唾液分泌，锻炼胃肠机能；20日龄，可适当补饲精料，精料要求含蛋白质20%、粗纤维不宜过高，并加入1%的盐和骨粉以及微量元素添加剂。每天补喂配合精料20克，并将精料炒香，调成半干湿态，放在食槽内单独或混些青草饲喂。30日龄拌料40克，40日龄拌料80克，并注意饲料多搭配，少喂勤添。随着羔羊的生长和采食能力的提高，应逐渐减少哺乳次数，或间断性采取母子分居羊舍的方法，这样一般40天左右可完全断奶，比传统的3月龄断奶可提前一半时间，早期断奶的羔羊应单独关在一栏，继续补料，以加强早期断奶羔羊的培育。羔羊7日龄断奶法（如美国一些集约经营的养羊场），羔羊出生后及时哺喂初乳，羔羊脐带干后让其跟随母羊在运动场内自由活动，吊挂嫩牧草训练采食，同时补喂人工代乳品。1月龄内羔羊代乳品配方：玉米粉30%、小麦粉22%、炒黄豆粉17%、脱脂奶粉20%、酵母4%、白糖4.5%、钙粉1.5%、食盐0.5%、微量元素添加剂0.5%、鱼肝油1～2滴，加清水5～8倍，搅拌均匀，煮沸后冷至37℃左右代替奶水饲喂羔羊。羔羊1月龄后代乳品配方：玉米40%、小麦粉25%、豆饼粉15%、奶粉10%、麸皮4%、酵母3%、钙粉2%、食盐0.5%、微量元素添加剂0.5%，混合后加适量水搅拌饲喂羔羊。

(3) 育成羊的饲养管理技术 羔羊断奶至第1次配种的羊统称为育成羊。此期间是生长发育最迅速的阶段，精心的饲养管理，不仅可以获得较快的增重速度，而且可使羔羊得到良好的发育。主要有以下几方面。

一是自然交配。自然交配又称自由交配或本交。将公羊与母羊混群放牧饲养，由公羊与发情母羊自行交配，不加限制，是一种原始的配种方法。自然交配的羊群容易产生乱配现象。公羊在一天中追逐母羊交配，影响羊群的采食抓膘，公羊的精力消耗大。虽然受胎率不低，但不能确定产羔日期，无法了解后代的血缘关系，不能进行有效地选种选配；优点是节省人力和设备。二是人工授精。通过人为的方法，将公羊的精液输入母羊的生殖器内，使卵子受精以繁殖后代，是当前我国养羊业中常用的技术措施。采用人工授精，输精量少、精液可以稀释，公羊的一次射精量，一般可供几只或几十只母羊的人工授精用，可扩大优良公羊的利用率。人工授精将精液完全输送到母羊的子宫颈或子宫颈口，增加了精子与卵子结合的机会，提高母羊的受胎率。节省购买和饲养大量种公羊的费用。人工授精时公母羊不直接接触，器械严格消毒，减少疾病传染的机会。三是适时出栏。羔羊出生后各个时期的生长发育不尽相同，绝对增重初期较小，尔后逐渐增大，到一定年龄增大到一定程度后又逐渐下降直至停止生长，呈慢-快-慢-停的节奏；相对增重在幼龄时增加迅速，以后逐渐缓慢，直至停止生长，呈快-慢-弱-停的趋势。个别羊生长至12月龄时，增重速度显著减慢，18月龄时，各项体尺增长趋于停滞，之后体重处于弱生长，并开始沉积脂肪，以后随年龄的增长体重趋向于停滞。所以，商品肉羊于12～18月龄、体重30～40千克时出栏最佳，此时出栏既符合羊只的生长规律，又符合市场需求。出栏过早，山羊处于快速生长发育时期，屠宰率不高，肉质虽嫩，但缺乏肉香味，此时屠宰不合适；出栏过迟，生长停滞，转为沉积脂肪，肉质变粗，肉中膻味成分含量增加，降低肉品品质，且浪费资金、劳力、饲草，降低生产效益。

（4）育肥羊的饲养管理技术　育肥羊需要做好各项准备工作，首先要准备好羊舍，羊舍的建造要求地势高燥、背风向阳、地面平坦，具有良好的排水系统，冬暖夏凉，通风良好。圈舍的大小要根据育肥羊的饲养数量来确定，一般每只羊的占地面积为0.8～1.2平方米。按照不同的阶段分成不同的圈舍，如羔羊舍、育肥舍、种公羊舍、种母羊舍等。在羊舍的附近要设置有运动场，运动场的面积为圈舍面积的 2～3 倍。做好饲料的准备工作。育肥羊的饲料种类较多，要尽量选择使用营养价值高、成本低、适口性好、易于消化的饲料，丰富饲料来源，精饲料、粗饲料、多汁饲料、青绿饲料，以及各种饲料添加剂都要准备充分，还要尽可能地利用当地的饲料资源，减少远途运输饲料，降低饲养成本。

育肥羊的饲养分为羔羊育肥、育成羊育肥，其中羔羊育肥又可分为羔羊早期育肥、断奶后羔羊育肥。羔羊早期育肥是从羔羊群中挑选出体较大、性成熟好的公羊作为育肥羊，一般以舍饲为主，生产优良肥羔肉羊。育肥期通常为 50～60 天。育肥时可不提前断奶，进行隔栏补饲，要及早开食，每天饲喂 2 次易于消化的精料，粗饲料则以优质的青干草为主，让羔羊自由采食，一般在 4 月龄时即可出栏上市。断奶后羔羊育肥是将断奶后的羔羊经过 15 天的预饲期后再分阶段进行育肥。预饲期可分为 3 个阶段，第 1 阶段为了让羊适应新的环境，以饲喂青干草为主；第 2 阶段逐渐的过渡饲喂精料；第 3 阶段逐步的更换饲料在 15 天后正式的进入育肥期。对于体重大、体况良好的断奶羔羊实施强度育肥，可选择精料型日粮，一般经过 45 天的强度育肥可达 50 千克的出栏体重。而对于体况较差的羔羊需进行适度育肥，一般经过 80 天以上的育肥期可达到上市体重。成年羊育肥需要按照品种、体重和预期的日增重等主要的生产指标来确定育肥方式和日粮的标准，一般在生产中常使用放牧与舍饲相结合的育肥方式。在育肥时可以使用适量的添加剂以提高育肥效果。

3. 羊的疫病防控技术　羊病的防治必须坚持以"预防为主"，搞好环境卫生，加强饲养管理、检疫工作，做好防疫，坚持定期驱虫，发现病羊，要及早治疗。

一是建立严格的消毒制度。场区入口处消毒池内的药液要经常更换，保持有效浓度。谢绝无关人员进场，进入生产区的人员及车辆等都要严格消毒。圈舍要经常清扫，保持卫生清洁、通风良好。常用消毒药物：10％～20％的生石灰乳、2％～5％的火碱溶液、3％的福尔马林溶液或百毒杀等市售消毒剂。转群或出栏后，要对整个羊舍和用具进行 1 次全面的消毒，方可进羊。对羊粪应集中处理，可在其中掺入消毒液，也可采用堆积发酵法，杀灭病菌和虫卵。二是建立完善的防疫制度。每年定期免疫接种；从外地引进的羊只，要经严格检疫并确认没有传染病方可进场；不从疫区购买草料和羊只；饲养员不得使用其他羊舍的用具及设备；草车、粪车要分开；患结核病和布鲁氏菌病的人不准入场喂羊；羊场内不养猫、狗、鸡、鸭等动物；羊舍内应消灭老鼠和蚊蝇。三是建立合理的免疫程序。按照国家免疫规定及各地疫病流行情况进行预防免疫。一般情况下，每年春季和秋季各免疫注射 1 次，预防接种羊口蹄疫、羊快疫、猝疽、羔羊痢疾和肠毒血症、羊痘、传染性胸膜肺炎、羊口疮等（具体方法遵照疫苗说明书进行接种）。四是建立完善的驱虫制度。坚持定期驱虫，羊无体内外寄生虫时，一般较少感染其疾病；一旦患有体内外寄生虫病时，由于抵抗力下降，其疾病接踵而来。一般是每年的 3 月、6 月、9 月、12 月各进行 1 次全群驱虫，驱虫药物根据本地寄生虫流行情况进行选择。从外地引进的羊驱虫后再并群。驱虫药物应该交替使用，避免产生抗药性。如在羊场长期单一使用某一种药物或不合理用药，可使寄生虫对药物产生抗药性，会造成驱虫效果不理想。

（三）猪的养殖技术

1. 猪的营养需要

一是能量需求。猪的能量需求随猪的日增重而增加。仔猪的维持能量需要量为每千克代谢体重 468.61 千焦，用于代谢过程、身体活动、体温调节等方面。断奶仔猪所需要的能量数值，以 NRC 饲养标准为基准，与育成、育肥猪一样，饲料是以能量 13.6 兆焦/千克配合设定的，但是因饲料采食量的原因，能量摄取量有一定差异。对 5~10 千克的断奶仔猪来说，每天采食饲料 500 克，能量需要量是 6.78 兆焦/天左右；对 10~20 千克的仔猪来说，每天采食饲料 1 000 克，能量需要量是 13.66 兆焦/天左右。

二是蛋白质和氨基酸需要量。给猪制订出合理的蛋白质和氨基酸需要量，会得到很高的经济效益。对于最佳的生长和肌肉合成，要认真考虑蛋白质的供给。氨基酸的需要量受到很多因素的影响，包括饲料中蛋白质的水平、环境温度和性别等。大部分氨基酸的需要量以效果最好的为准，猪的营养需要也是这样制订出来的。育成、育肥猪氨基酸需要量对产肉的体蛋白质积累和肌肉的合成非常重要，这跟遗传能力有很大的关系。为了得到最大的生长效率，对饲料中必需氨基酸的研究有很多，因现代高产猪的遗传要求与改良方向为瘦肉型，所以对氨基酸的需要量会增大。在猪饲料中玉米、豆粕等谷物类饲料氨基酸中的赖氨酸含量非常少，所以在猪饲料中赖氨酸是第一限制氨基酸，赖氨酸主要用于肌肉蛋白质合成。它在体内沉积率很高，所以如果摄取量增加，体内赖氨酸含量也会增加。

三是维生素和矿物质需要量。维生素和矿物质对猪来说是必不可少的营养素，这两个营养素主要是以预混料的形式添加，对猪的生理机能和生长带来很大的影响。维生素在调节代谢过程中起着重要作用。虽然维生素不能构成动物的身体组织，与蛋白质、钙、磷、碳水化合物、脂肪等相比，含量也少。但是维生素对维持猪体内的正常机能起着重要作用。矿物质在猪的结构成分中只占体重的5％，但其参与猪的生长和代谢、消化、骨骼组成等很多机能。矿物质添加过多会出现矿物质中毒，缺乏时会对骨骼有影响，所以要合理地添加矿物质。为了猪的生长和健康，矿物质是必需的，主要有钙、磷、钠、氯、钾、镁、锌、碘、锰、铁、铜、硒等。

2. 猪的饲料

一是蛋白质饲料。蛋白质饲料是指饲料干物质中蛋白质含量在20％以上、粗纤维含量在18％以下的饲料。一般来说、蛋白质饲料可分为两大类，一类是油籽经提取油脂后产生的饼（粕），另一类则是屠宰厂或鱼类制罐厂下脚料经油脂提取后产生的残留物。这类饲料的主要特点是粗蛋白质含量多且品质好，其赖氨酸、蛋氨酸、色氨酸等必需氨基酸的含量高，粗纤维含量少，易消化，如肉类、鱼类、乳品加工副产品、豆饼、花生饼、菜籽饼等。

二是能量饲料。能量饲料主要成分是无氮浸出物，占干物质的70％～80％，粗纤维含量一般不超过4％～5％，脂肪和矿物质含量较少，氨基酸种类不齐全，如玉米、高粱、小麦、大麦、稻谷、麦麸、米糠、甘薯、马铃薯等。

三是粗饲料。粗饲料指饲料的干物质中粗纤维含量在 18% 以上（含 18%）的饲料。包括青干草、秸秆、秕壳等。粗饲料的一般特点是含粗纤维多，质地粗硬，适口性差，不易消化，可利用的营养较少。不同类型粗饲料的质量差别较大，一般豆科粗饲料优于禾本科，嫩的优于老的，绿色的优于枯黄的，叶片多的优于叶片少的。秕壳类如小麦秸、玉米秸、稻草、花生壳、稻壳、高粱壳等，粗纤维含量高，质地粗硬，不仅难以消化，而且还影响猪对其他饲料的消化，在猪饲料中限制使用。青草、花生秧、大豆叶、甘薯藤、槐叶粉等，粗纤维含量低，一般在 18%～30%，木质化程度低，蛋白质、矿物质和维生素含量高，营养全面，适口性好，较易消化，在猪的日粮中搭配具有良好效果。

四是青饲料。青饲料是指天然水分含量在 60% 以上（含 60%）的饲料，其来源最为广泛，种类繁多。包括野菜、人工栽培牧草、蔬菜、绿肥作物、树叶、浮萍、水草等。青饲料的特点是含水量高，适口性好，易消化，各种维生素含量丰富，尤其是 3 种限制性氨基酸接近猪的需要量，矿物质、钙、磷比例恰当。据报道，猪经常饲喂青饲料，可以缓解某些饲料中的毒性，日粮中加大青饲料量，可提高母猪的繁殖力及产奶量。青饲料的利用多为青贮喂猪。幼嫩的牧草粗纤维含量为 5%，随后牧草生长，植株逐渐变老，适口性变差，所以应掌握收割时期，以利产量高、粗纤维少。也可在生长旺季收割后加工成青贮饲料或晒制成青干草，以便冬、春季节缺乏青饲料时饲喂。青饲料以鲜喂质量最好，发霉、腐烂的青料不能喂猪，对喂生青料的猪应注意驱虫。

3. 猪的饲养管理技术

一是种猪的饲养管理。公猪一般单圈关养，公猪要加强运动，增强体质，防止肥胖和虚弱；促进食欲；这对公猪性欲及精液质量有重要的影响。除大风大雨及中午炎热外，每天都要运动，每日驱赶 2 次，每次 1.5～2.0 千米。种公猪对整个猪群后代生产能力有很大影响。种公猪的饲养可采用短期优饲法，采用本交方式配种。因母猪产仔多集中在春、秋两季，故种公猪的配种也往往集中产仔前3个半月左右，这段时间称为配种期，在配种期内加强饲养称短期优饲法。为使种公猪精子密度大、精子活力高及精子数量多，一般要求种公猪在配种期内日粮中能量不少于12.6兆焦/千克，日粮中蛋白质含量应达14%，日粮中硒、食盐、钙、磷分别应达0.13毫克、1.0克、1.5克和1.0克。粗放的饲养并不能提供充足的营养，因此，在每日放牧后应注意补饲。同样，为使种母猪在发情期排出更多的卵子，可在空怀母猪配种前进行短期优饲。具体为在配种前的10~15天开始，在每日日粮不变的基础上每天补饲配合饲料2.2~2.9千克。在配种后应停止优饲，若继续优饲会造成营养过剩，反而会影响受精卵着床，甚至导致死胎率提高。

二是妊娠母猪饲养管理技术。妊娠为受孕到分娩的过程。由于各个母猪的身体状况不同，在饲养时不能一概而论，应区别对待。在母猪妊娠前期，每日的能量供给应控制在25.3~25.6兆焦，若母猪能量摄入过多，会导致其子宫周围、腹膜及皮下堆积过多的脂肪，压迫子宫壁，影响子宫血液循环，严重时可引起胎儿死亡。在妊娠后期，母猪营养需求增高，需采取短期优饲。但由于胎儿体积增大、腹内压升高，不宜饲喂大量粗饲，而采取饲喂少量精料，如饲喂动物性脂肪和玉米胚芽油的方法。一般情况下母猪的分娩都可自己完成，但在发生难产时应及时采取恰当的方式助产。产后应及时清除仔猪口鼻处的黏液以助其正常呼吸，并把仔猪放在母猪的乳头处，以便尽快吃上初乳。母猪产后的护理，重点在补充能量和预防产后疾病上。

三是哺乳仔猪饲养管理技术。同窝仔猪一般情况下先出生的仔猪体重较大，以后出生的仔猪体重较小，对于出生弱小的仔猪更需加强护理，而仔猪的存活率随出生体重的增加而提高，仔猪初生体重低于0.9千克时，一般情况下60%的难以存活，对这些体重低于0.9千克的仔猪给予特殊护理是提高成活率的关键，对出生弱小、全身震颤的仔猪，每头腹腔注射10毫升10%葡萄糖注射液加5万单位的链霉素，可增强仔猪体质，同时预防黄白痢。对于初生仔猪要加强保暖防寒，减少应激，哺喂初乳。

哺乳期是仔猪生长发育速度最快的时期，其代谢能量为每千克体重302.10兆焦，是成年猪每千克体重代谢能量的3倍，因此，在哺乳期仔猪需要大量的能量和营养物质。新生仔猪消化道不发达，消化器官和消化腺机能不全，只能消化乳蛋白而不能消化植物蛋白，因此，应在仔猪料中添加甲酸、柠檬酸等对饲料进行酸化，以帮助其消化吸收。为提高育肥效率，可对非种用仔公猪在7日龄时进行去势，但对母乳猪不做要求。仔猪在28日龄左右断奶时，尽量减少应激。

四是育肥猪饲养管理技术。根据育肥猪的生长特点及发育规律，现提出以下饲养管理技术。第一，日粮搭配多样化。在每日配制饲料的时候，一定要避免饲料成分单一，要配制营养比较均衡的饲料，使蛋白质和其他的营养成分相互协调，提高蛋白质的利用程度，促进猪的快速生长。第二，肥猪饲养方式的变换。饲养方式可分为自由采食与限制饲喂两种。在体重未达到50~60千克时，要喂高蛋白质高能量的饲料，在这一时期，使猪形成更多的瘦肉，每日体重增长达到最大量、体重达到60~100千克时，可以适当降低饲料中的蛋白质和能量水平，防止脂肪的堆积。第三，保证饲料的品质。当饲料品质不够好时，就会减缓猪增重和降低饲料利用率，同时还会对胴体品质造成影响。猪是单胃的动物，饲料品质不好容易使亚氨酸在体内沉淀，这是一种有毒的物质，会使猪的体质变软。因此，育肥猪上市前两个月所喂食的饲料品质必须是优质的饲料。

五是猪病的防控。随着畜牧业经济的快速发展，坚持"预防为主、防治结合、防重于治"的原则，加强猪疫病防控与治疗，具有重要意义。第一，实行严格的消毒制度。所有进入场区的车辆必须由高压消毒机喷雾消毒、经消毒池进入猪场；非生产区包括生活区、办公区、饲料加工区等生产辅助区，要求经常清扫，保持清洁，每周消毒1次；进场人员在更衣室穿专用工作服、工作鞋后，方可进入生产区。且进程为单一流向，严禁出现净区、污区的双向互串。及时清理粪便、污物、垫料等，临时消毒与定期消毒相结合；严禁在场内饲养狗、猫、家禽等其他动物，严防野鸟的侵入，谢绝外来人员进入。猪舍内需要每天做好清洁工作，保证清洁工作的全面性。同时，养殖人员在进出猪舍时需要做好消毒工作。第二，强化免疫工作。为有效防控猪疫病，需要做好免疫工作。免疫工作可以在一定程度上保证猪疫病监测及猪疫病防控工作的科学性与合理性。与此同时，科学合理的做好疫苗保管及疫苗稀释工作。除此之外，在免疫疫苗选择过程中需要保证疫苗质量，这样疫苗的安全性才能得到保障，从而使疫苗发挥自身的免疫功能。除了疫苗接种之外，还需要定期进行检疫。外来种猪进入养殖场之前需要进行检疫，还需要定期对养殖场内种猪进行检疫。现将具体的免疫程序见表 4-1。

表 4-1　商品肉猪的免疫程序

日龄	疫苗种类	剂量	方式
3	伪狂犬	1 头份	滴鼻
10	喘气病	1 头份	肌注
17	猪链球菌	1 头份	肌注
25	高效价猪瘟活疫苗	2 头份	肌注
30	喘气病二免	1 头份	肌注
60	猪瘟、猪丹毒、猪肺疫三联苗	2 头份	肌注
70	口蹄疫	2 头份	肌注
100	口蹄疫二免	2 头份	肌注

4. 药物预防　药物预防是猪疫病监测与养猪场疫病防控的一个重要手段，通过药物增强猪的抵抗力与免疫力，在最大程度上避免猪受到病菌的影响。加强药物预防具体从以下几点展开：一是猪日常实用的饲料中可以添加相应的抗病毒药物，这样可以提升猪的抗病毒与抗感染能力。二是在发现猪感染疫病时需要及时投喂药物，通过药物作用可以在一定程度上降低疫病对其他猪的影响。虽然进行药物预防可以针对猪疫病的防治起到一定作用，但如果长期投喂药物会增强猪的抗药能力，对猪日后成长造成影响。所以，在进行药物预防时需要有效控制药量，这样才能保证药物在防控猪疫病中

发挥最大作用。

第二节　现代家禽养殖

一、现代家禽养殖品种

(一)适合生态养殖的鸡品种

1. 惠阳胡须鸡　惠阳胡须鸡原产于广东省惠阳地区，又名三黄胡须鸡、龙岗鸡、龙门鸡、惠州鸡，是我国比较突出的优良地方肉用鸡种。其体躯呈葫芦瓜形，胸深背宽，后躯丰满，额下有发达而张开的胡须状髯羽，单冠直立。公鸡背部羽毛枣红色，分有主尾羽和无主尾羽两种，主尾羽多呈黄色。母鸡全身羽毛黄色，主翼羽和尾羽有些黑色，尾羽不发达；喙、胫黄色，虹彩橙黄色。成年鸡体重公为2.25千克，母为1.68千克。120日龄屠宰率，半净膛为公86.7%、母84.6%。全净膛为公81.1%、母76.7%。开产日龄150天，年产蛋108个，蛋重46克，蛋壳呈浅褐色或乳白色。惠阳胡须鸡以种群大、分布广、胸肌发达、早熟易肥、肉质特佳而成为我国活鸡出口量大、经济价值较高的传统商品。

2. 清远麻鸡　清远麻鸡原产于广东省清远市，又名清远走地鸡，就是家养土鸡。养鸡户一般选择群批量圈地放养为主，其食欲强、抗病能力佳，肉质美味。体型特征可概括为"一楔""二细""三麻身"。"一楔"指母鸡体型楔形，前扼紧凑，后躯圆大。"二细"指头细、脚细。"三麻身"指母鸡背羽面主要有麻黄、麻棕、麻褐3种颜色。公鸡体质结实灵活，结构匀称，属肉用体型。出壳雏鸡背部绒羽为灰棕色，这是清远麻鸡雏鸡的独特标志。它以体型小、皮下和肌间脂肪发达、皮薄骨软而著名，素为我国活鸡出口的小型肉用鸡之一。清远鸡自然生长，皮爽肉劲，汤汁鲜美，鲜香可口。屠宰率6月龄母鸡半净膛为85%，全净膛为75.5%，阉公鸡半净膛为83.7%，全净膛为76.7%。年产蛋为70～80枚，平均蛋重为46.6克，蛋形指数1.31，壳色浅褐色。

3. 贵妃鸡　贵妃鸡又名贵妇鸡，被英国皇室定名为"贵妃鸡"，专供宫廷玩赏和御用。贵妃鸡外貌奇特，三冠、五趾、黑白花羽是其最典型的特征。150日龄左右可开产，每只母鸡年产蛋量150～180枚，蛋壳乳白色，平均蛋重40克，蛋型呈椭圆形，成年母鸡体重1.1～1.25千克，公鸡1.5～1.75千克。商品贵妃鸡肌肉纤维细微，其集观赏、美食、滋补于一身，野味浓，营养丰富，其肉质细嫩，油而不腻，美味可口，特别是被称为抗癌之王的硒和锌的含量是普通禽类的3～5倍，被誉为"益智肉""美容肉""益寿肉"。

4. 绿壳蛋鸡 绿壳蛋鸡原产于江西省东乡区，是我国特有禽种，被农业农村部列为"全国特种资源保护项目"。其特征为五黑一绿，即黑毛、黑皮、黑肉、黑骨、黑内脏，更为奇特的是所产蛋绿色，产蛋量较高。绿壳蛋鸡体形较小，结实紧凑，行动敏捷，匀称秀丽，性成熟较早，产蛋量较高。成年公鸡体重3.2～4.5千克，母鸡体重1.9～3.1千克，年产蛋160～180枚；公母鸡屠宰率分别为89.82%、92.80%；半净膛屠宰率分别为79.85%、79.81%，全净膛屠宰率分别为60.60%、61.34%，腿肌率分别为29.92%、25.04%，胸肌率分别为16.07%、17.79%，瘦肉率分别为46.00%、42.83%，母鸡腹脂率为7.25%。该鸡种具有明显高于普通家养鸡抗御环境变化的能力，南北方均可进行现代化养殖。

5. 固始鸡 固始鸡原产于河南省固始县。主要分布于沿淮河流域以南、大别山脉北麓的商城、新县、淮滨等10个县（市），安徽省霍邱、金寨等县亦有分布，是我国优良地方鸡种之一，属蛋肉兼用型。其特征主要为：体躯呈三角形，羽毛丰满，单冠直立，六个冠齿，冠后缘分叉，冠、耳垂呈鲜红色，眼大有神，喙短呈青黄色。公鸡毛呈金黄色，母鸡以黄色、麻黄色为多。母鸡长到180天开产，年产蛋为130～200枚，平均蛋重50克，蛋黄呈鲜红色。成年公鸡体重2.1千克，母鸡1.5千克，为我国宝贵的家禽品种资源之一。生产性能：成年鸡体重，公2 470克，母1 780克。180日龄屠宰率：半净膛公为81.8%、母为80.2%；全净膛公73.9%、母70.7%。开产日龄205天左右，年产蛋141个左右，蛋重51克左右，蛋壳呈褐色。

6. 杏花鸡 杏花鸡主产地在广东省封开县，当地又称"米仔鸡"，属小型肉用鸡种。它具有早熟、易肥、皮下和肌间脂肪分布均匀、骨细皮薄、肌纤维纫嫩等特点。其体型特征可概括为"两细"（头细、脚细），"三黄""三短"（颈短、体躯短、脚短）。雏鸡以"三黄"为主，全身绒羽淡黄色。公鸡头大，冠大直立，冠、耳叶及肉垂鲜红色。虹彩橙黄色，脚黄色。母鸡头小，喙短而黄。单冠，冠、耳叶及肉垂红色。体羽黄色或浅黄色，颈基部羽多有黑斑点（称"芝麻点"），形似项链。成年体重公鸡为 1 950 克，母鸡为 1 590 克。112 日龄屠宰测定：公鸡半净膛率为 79％，全净膛率为 74.7％，母鸡半净膛率为 76.0％，全净膛率为 70.0％。一般 150 日龄开产，年平均产蛋为 95 枚，蛋重 45 克左右，蛋壳褐色。

7. 丝羽乌骨鸡 丝羽乌骨鸡原产于江西省泰和县武山北麓，根据产地又称武山鸡，丝羽乌骨鸡在国际标准中被列为观赏型鸡种。因具有"丛冠、缨头、绿耳、胡须、丝毛、毛脚、五爪、乌皮、乌肉、乌骨"十大特征以及极高营养价值和药用价值而闻名世界。其体型为头小、颈短、脚矮、结构细致紧凑、体态小巧轻盈。成年公鸡为 1.3～1.8 千克，母鸡为 0.97～1.66 千克。丝毛乌骨鸡的生长速度、蛋重和饲料营养水平密切相关，如 5 月龄时公鸡体重达成年公鸡体重的 70.23％～80.62％，母鸡为 82.53％～87.73％。公鸡半净膛屠宰率为 88.35％，全净膛屠宰率为 75.86％；母鸡半净膛、净膛屠宰率分别为 84.18％和 69.50％。开产日龄一般为 170～205 天，年产蛋为 75～150 枚，蛋重为 37.56～46.85 克。公母配种比例为 1∶（15～17），种蛋受精率为 87％～89％，受精蛋孵化率为 75％～86％。60 日龄育雏率为 78％～94％。

8. 藏鸡 藏鸡是分布于我国青藏高原海拔 2 200～4 100 米的半农半牧区，雅鲁藏布江中游流域河谷区和藏东三江中游高山峡谷区数量最多、范围最广的高原地方鸡种。其标准特征：藏鸡体型呈 U 形，小巧匀称、紧凑，行动敏捷，富于神经质，头昂尾翘，翼羽和尾羽特别发达，善飞翔。公鸡大镰羽长达 40～60 厘米。生产性能：藏鸡在 3 月龄前生长较快。据产地调查，6 月龄公鸡平均体重 1 235 克，成年公鸡平均体重 1 585 克，在成都平原舍饲条件下（日粮每千克含粗蛋白 15％～17％），3 月龄时平均体重公鸡 630.3±19.05 克、母鸡 539.2±21.48 克，6 月龄平均体重公鸡 1 300±40 克，母鸡 990±50 克。据测定藏鸡 0～90 日龄料肉比为 5.56∶1。成年公鸡半净膛为 79.89％～84.87％，母鸡为 71.43％～77.97％；全净膛公鸡为 72.17％～78.91％，母鸡为 68.25％～70.34％。开产期 240 天，年产蛋 40～100 枚。

（二）适合生态养殖的鸭品种

1. 连城白鸭 连城白鸭为福建省连城县特产，中国第一鸭。"全国唯一药用鸭""鸭中国粹""贡鸭"。《本草纲目》《十药神书》等均有其药用的记载，困难时期曾因"长得慢，养不胖"濒临灭绝。令人称奇的是煲汤除盐外不需任何调料，无腥味，不油腻。当地百姓又因其黑色的脚丫和头部称之"黑丫头"。标准体征：成年公鸭体态雄健，头较大，颈细长，胸深，背阔，眼大明亮，觅食力强，全身白羽，尾端有 2～3 根性卷羽，嘴扁平呈古铜色，喙豆墨绿色，胫、蹼、趾呈黑褐色。成年母鸭颈细长，眼突而亮，腹钝圆略下垂，身体窄长，头清目秀，跋步时挺胸前进不摇摆，觅食力强，集群性好。全身白羽，喙扁平呈黑灰色，胫、蹼、趾为褐黑色。产蛋量，第 1 个产蛋年为 220～230 个，第 2 个产蛋年为 250～280 个，第 3 个产蛋年为 230 个左右。蛋重平均为 68 克，壳色以白色居多，少数青色。连城白鸭的羽色和外貌特征独特，是一个适应山区丘陵放牧饲养的小型蛋用鸭种。

2. 临武鸭 湖南省临武县特产，临武鸭是中国的八大名鸭之一，属肉蛋兼优型，有着上千年悠久的养殖历史，曾作为朝廷的贡品，声名远播。它具有生长发育快、体型大、产蛋多、适应性强、饲料报酬高、肉质细嫩、皮下脂肪沉积良好、味道鲜美等特点，以"滋阴降火，美容健身"而著称，当地老百姓俗称"勾嘴鸭"。公鸭头颈上部和下部以棕褐色居多，也有呈绿色者，颈中部有白色颈圈，腹部羽毛为棕褐色，也有灰白色和土黄色，性羽 2～3 根。母鸭全身麻黄色或土黄色，喙和脚多呈黄褐色或橘黄色。初生重为 42.67 克，成年体重公鸭为 2.5～3 千克，母鸭为 2～2.5 千克。屠宰率：半净膛公鸭为

85％、母鸭为87％，全净膛公鸭为75％、母鸭为76％。开产日龄160天，年产蛋180～220枚，平均蛋重为67.4克，壳乳白色居多，蛋形指数1.4。公母配种比例1∶（20～25），种蛋受精率约83％。是一种比较适合养殖的鸭品种。

3. 金定鸭 福建省龙海市紫泥镇金定村特产，属麻鸭的一种，又名华南鸭，属蛋鸭品种，是福建传统家禽良种。金定鸭体格强健，走动敏捷，觅食力强，具有产蛋多、蛋大、蛋壳青色、觅食力强、饲料转化率高和耐热抗寒特点。该品种尾脂腺较发达，羽毛防湿性强，适宜海滩放牧和在河流、池塘、稻田及平原放牧，也可舍内饲养。公、母鸭差异不显著，成年公鸭平均体重1.73千克，体斜长21.54厘米；成年母鸭体重1.76千克，体斜长21.11厘米；金定鸭的蛋重平均72.20克，蛋形为椭圆，蛋形指数为1∶1.45；蛋可食用占蛋重的89.03％，壳和膜占10.97％。蛋黄可食部分的38.90％，水分占45.19％，在养殖过程具有较强的抗逆性。

4. 三穗鸭 贵州省东部的低山丘陵河谷地带，以三穗县为中心，是我国优良地方蛋系麻鸭品种之一。三穗鸭系同野鸭杂交选育而来，具有体型小、早熟、产蛋多，适应性和牧饲力强的特点，且肉质细嫩、味美鲜香。三穗鸭公鸭以绿头公鸭居多，头稍粗大，嘴扁平，嘴呈黑色，颈至胸部羽毛为棕色，背部羽毛黑褐色，腹部羽毛浅褐色，颈部及尾腰部被有墨绿色发光的羽毛，前胸突出，背平而长。成年公鸭平均体重1.8千克、母鸭2.0千克，开产日龄110～120天，年产蛋200～240枚，平均蛋重为65.12克，壳以白色居多；屠宰率半净膛成年公鸭为69.5％、母鸭为73.9％，全净膛公鸭为65.6％、母鸭为58.7％。在放养饲养条件下，育雏的20日龄，体重可达250～300克；20～70日龄，体重可达1～1.2千克。

5. 北京鸭 优良肉用鸭标准品种，具有生长发育快、育肥性能好的特点，是闻名中外"北京烤鸭"的制作原料。北京鸭全身羽毛纯白，略带乳黄光泽，体形硕大丰满，体躯呈长方形，构造均匀雅观。母鸭腹部丰满，前躯仰角较大，叫声洪亮，公鸭叫声沙哑。北京鸭的繁殖性能在肉用型品种中较为突出，其性成熟期一般在150～180天，成年公鸭平均体重 2.5 千克、母鸭 2.6 千克，其年产蛋量达到 200 个以上；一般生产场中的 1 只母鸭可年产 150 只雏鸭，种鸭第 1 次产蛋期约为 40 周，约 50 天后进入第 2 次产蛋期，第 2 次产蛋期可产 100 多个蛋；在良好的放养条件下，雏鸭成活率可高达 95％以上。

6. 绍兴鸭　绍兴鸭又称绍兴麻鸭，主要分布于浙江省的绍兴、上虞、萧山、诸暨等地，全国已有 20 多个省（自治区、直辖市）引种饲养。绍兴鸭是世界优良蛋用型品种，具有体型小、成熟早、产蛋多、耗料省、抗病力强、适应性广等优点。该鸭体躯狭长，母鸭以麻雀羽为基色，主翼羽白色，虹彩蓝灰，喙黄色，头颈羽墨绿色。初生重 36～40 克，成年体重公鸭为 1 301～1 422 克、母鸭为 1 255～1 271 克；屠宰率：成年公鸭半净膛为 82.5％、母鸭为 84.8％；成年公鸭全净膛为 74.5％、母鸭为 74.0％。140～150 日龄群体产蛋率可达 50％，年产蛋 250 枚，经选育后年产蛋平均近 300 枚，平均蛋重为 68 克。

7. 高邮鸭　江苏省高邮特产，又名高邮麻鸭，主要分布于我国江淮地区，属蛋肉兼用型地方优良品种。高邮鸭不仅生长快、肉质好、产蛋率高，而且因善产双黄蛋乃至三黄蛋而享誉海内外。高邮鸭母鸭全身羽毛褐色，有黑色细小斑点，如麻雀羽；主翼羽蓝黑色；喙豆黑色；虹彩深褐色；胫、蹼灰褐色，爪黑色。公鸭体型较大，背阔肩宽，胸深躯长呈长方形。头颈上半段羽毛为深孔雀绿色，背、腰、胸为褐色芦花毛，臀部黑色，腹部白色。喙青绿色，趾蹼均为橘红色，爪黑色。成年公鸭体重 3～4 千克、母鸭 2.5～3.0 千克。仔鸭放养 2 月龄重达 2.5 千克。母鸭 180～210 日龄开产，年产蛋 169 个左右，蛋重 70～80 克，蛋壳呈白色或绿色。在放牧条件下，一般 70 日龄体重可达 1.5 千克。采用配合饲料，50 日龄平均体重可达 1.78 千克。高邮鸭耐粗杂食，觅食力强，适于放牧饲养，生长发育快，易肥、肉质好。

8. 微山麻鸭　山东省微山县特产，原产于微山湖。微山麻鸭属小型蛋用麻鸭，微山麻鸭体型小，早熟，适应性强，产蛋多，蛋个大，质量高，遗传性能稳定，适宜放牧。微山麻鸭觅食力强，产蛋率高，皮薄，皮下脂肪少，肉蛋品质均好。微山麻公鸭平均体重 1.2 千克、母鸭体重 1.1 千克，120 日龄全部换成成年羽，公母鸭体重分别达到 1.52 千克和 1.61 千克。微山麻鸭产蛋的开产期为 140 日龄，180 日龄产蛋率达 50%，当年春鸭可产蛋 80~90 枚，成年鸭一年可产蛋 160~180 枚，分春秋两季产蛋，在良好的饲养管理条件下，一年可产蛋 180~200 枚。成鸭屠宰率：半净膛公鸭为 84%~85%、母鸭为 78%~82%；全净膛公鸭为 64%~70%、母鸭为 60%~68%。微山麻鸭最佳繁殖季节为 3~8 月，种母鸭利用年限为 2~3 年，种公鸭为 1 年。该品种可根据不同的经济用途，与其他蛋鸭杂交，可获得产蛋量高、质量好，既能放养又能圈养的杂交鸭。

（三）适合生态养殖的鹅品种

1. 狮头鹅　狮头鹅是中国鹅种中体型最大的品种，是世界三大重型鹅种之一。原产于广东省饶平县，主要产区在澄海和汕头市郊。狮头鹅的全身羽毛及翼羽均为棕褐色，边缘色较浅，呈镶边羽。由头顶至颈部的背面形成如鬃状的深褐色羽毛带。狮头鹅体躯呈方形，头大颈粗，前躯略高。头部前额肉瘤发达，向前突出，覆盖于喙上。两颊有左右对称的肉瘤 1~2 对，肉瘤黑色。成年公鹅体重 10~12 千克、母鹅体重 8~10 千克，蛋重 200 克左右，蛋壳白色。公母配比 1∶（5~6），种蛋受精率 70%~80%，受精蛋孵化率 85%~90%。产蛋季节在每年 9 月至翌年 4 月，母鹅在此期内有 3~4 个产蛋期，每期可产蛋 6~10 个。在以放牧为主的饲养条件下，70~90 日龄上市未经肥育的仔鹅，平均体重为 5.84 千克（公鹅为 6.18 千克、母鹅为 5.51 千克），屠宰率半净膛公鹅为 81.9%、母鹅为 81.2%，全净膛为公鹅为 71.9%、母鹅为 72.4%。雏鹅在正常饲养条件下，30 日龄雏鹅成活率可达 95%以上，母鹅可连续使用 5~6 年。

2. 皖西白鹅　皖西白鹅原产于安徽西部丘陵山区，是经过长期人工选育和自然驯化而形成的优良地方品种，历史悠久，适应性强、觅食力强、耐寒、耐热、抗病力强、耐粗饲、耗料少，且合群性强。早期生长速长快，肉质细嫩鲜美，特别是羽绒产量高且绒品质优。雏鹅绒毛为淡黄色，喙为浅黄色，蹼为橘黄色。成年鹅全身羽毛洁白，部分鹅头顶部有灰毛。皮肤为黄色，肉色为红色。体型中等，体态高昂，颈长呈弓形，胸深广，背宽平。头顶肉瘤呈橘黄色，圆而光滑无皱褶，公鹅肉瘤大而突出，母鹅稍小。虹彩灰蓝色，约 6％的鹅颌下带有咽袋。少数个体头颈后部有球形羽束，即顶心毛。公鹅颈粗长有力，母鹅颈较细短，腹部轻微下垂。成年公鹅体重 5.5～6.5 千克、母鹅 5～6 千克。在一般放牧条件下，60 日龄仔鹅体重 3.0～3.5 千克，90 日龄可达 4.5 千克。肉用仔鹅半净膛屠宰率 79.0％，全净膛屠宰率 72.8％。母鹅开产日龄 180 天左右，就巢性强，年产蛋 25 枚左右。公鹅多在 8～10 月龄以后配种，公母配比 1∶（4～5）。平均蛋重 142 克，蛋壳白色。种蛋受精率 88％，自然孵化率 92％，健雏率 97％。该品种适合山川丘陵地带养殖。

3. 溆浦鹅　溆浦鹅产于湖南省沅水支流溆水两岸，中心产区在新坪、马田坪、水车等地，是优良的地方鹅品种，采用传统自然放牧模式，放牧时间一天长达 10 个小时以上，采食野生天然牧草，具有生长速度快、产蛋率高、觅食力强、耐粗饲等优点，对自然环境具有很强的适应能力。另外，溆浦鹅产肝性能好，鹅肝体积大、胆固醇含量低，营养价值高，是中国肉用、肝用型综合性能最好的鹅种之一。以溆浦鹅的羽毛作为原料，成为中国国家羽毛球队受欢迎的羽毛球制作材料。溆浦鹅成年鹅体型高大，体躯稍长、呈圆柱形。公鹅头颈高昂，直立雄壮，叫声清脆洪亮，护群性强。母鹅体型稍小，性温驯，觅食力强，产蛋期间后躯丰满、呈蛋圆形。腹部下垂，有腹褶。有 20％左右的个体头上有顶心毛。羽毛颜色主要有白、灰两种，以白色居多数。灰鹅背、尾、颈部为灰褐色，腹部呈白色。皮肤浅黄色。眼睛明亮有神，眼睑黄色，虹彩灰蓝色。胫、蹼都呈橘红色。喙黑色。肉瘤突起，表面光滑、呈灰黑色。白鹅全身羽毛白色，喙、肉瘤、蹼都呈橘黄色。皮肤浅黄色，眼睑黄色，虹彩灰蓝色。成年公鹅体重 6.0～6.5 千克，母鹅 5～6 千克，仔鹅 60 日龄体重 3.0～3.5 千克。6 月龄溆浦鹅屠宰率半净膛为 88％、全净膛为 80％。平均填肥 21 天后，肥肝平均重为 627.51 克，肝料比 1∶28.03。180 日龄达性成熟，控制在 200～210 日龄开产。年产蛋 30 枚左右。平均蛋重 212.5 克，蛋壳多为白色，少数淡青色。公母配比 1：（3～5）。种蛋受精率97.4%，自然孵化率93.5%。

4. 浙东白鹅　浙东白鹅分布于浙江东部的绍兴、宁波、舟山、萧山等地，尤以象山、奉化两县（市）为多。浙东白鹅适应性和繁殖力强，耐粗饲，以食草为主，生长快，从雏鹅到成年大鹅只需 3 个月左右，肉质肥嫩，屠宰率高。成年鹅体型中等大小，体躯长方形。全身羽毛洁白，有 15% 左右的个体在头部和背侧夹杂少量斑点状灰褐色羽毛。额上方肉瘤高突呈半球形，随年龄增长突起明显，颌下无咽袋，颈细长。喙、蹼幼年时橘黄色，成年后变橘红色，爪玉白色。肉瘤颜色较喙色略浅。眼睑金黄色，虹彩灰蓝色。成年公鹅高大雄伟，肉瘤高突，耸立头顶，昂首挺胸，鸣声洪亮，好斗逐人；成年母鹅肉瘤较低，性情温驯，鸣声低沉，腹部宽大下垂。成年公鹅体重 5.0～5.8 千克、母鹅 4.2～5.2 千克，70 日龄体重 3.2～4.0 千克。屠宰率半净膛为 81.10%、全净膛为 72.0%。肉质好，公鹅 120 日龄开始性成熟，初配控制在 160 日龄以后，利用年限 3～5 年。母鹅在 150 日龄左右开产。年产蛋 38～42 枚。平均蛋重 149.6 克，蛋壳白色。公母配比 1：（10～15）。种蛋受精率 90% 以上，自然孵化率 90% 左右。

5. 四川白鹅　四川白鹅主产于四川省温江、乐山、宜宾和隆昌等地，属中型鹅种，是以食草为主的水禽，具有生长速度快、生长期短、抗病力强、易于饲养等特点。刚出生时绒毛呈金黄色，成年后全身羽毛洁白、紧密。喙、蹼呈橘红色。公鹅头颈较粗，体躯稍长，额部有一呈半圆形的肉瘤，随年龄增长突起明显。母鹅头清秀，颈细长，肉瘤不明显。没有咽袋，颈部细长。四川白鹅是我国中型鹅中无就巢性、产蛋性能优良的品种。成年公鹅体重 5.0～5.5 千克、母鹅4.5～4.9 千克。公鹅性成熟期为 180 日龄左右，母鹅于 200 日龄开产。母鹅基本无抱性，平均年产蛋量 60～80 枚。平均蛋重 146.28克，蛋壳白色。公母配比 1：（3～4），种蛋受精率 85%，受精蛋孵化率 84%。在一般饲养条件下仔鹅 10 周龄的体重可达到 3.0～3.5 千克。四川白鹅肉质鲜美，营养丰富，风味独特，它既有禽肉的特色又有草食畜肉的优点，其肉中蛋白质含量高达 20%，脂肪含量只有 3%

左右，鹅肉脂肪中的不饱和脂肪酸含量在 99％以上，营养价值优于猪肉、牛肉、羊肉，食用者不会因食用鹅肉而导致心血管系统疾病，四川白鹅产品是开发现代人类追求的理想食品的优质原料。

6. 阳江鹅　阳江鹅又称阳江黄鬃鹅，属小型灰羽品种。中心产区位于广东省湛江地区阳江市，主要在该县的塘坪、积村、北贯、大沟等乡。分布于邻近的阳春、电白、恩平等县市，在江门、韶关等地及广西也有分布。体型中等、行动敏捷。母鹅头细颈长，躯干略似瓦筒形，性情温顺；公鹅头大颈粗，躯干略呈船底形，雄性明显。从头部经颈向后延伸至背部，有一条宽 1.5～2.0 厘米的深色毛带，故又叫黄鬃鹅。在胸部、背部、翼尾和两小腿外侧为灰色毛，毛边缘都有宽 0.1 厘米的白色银边羽。从胸两侧到尾椎，有一条葫芦形的灰色毛带。除上述部位外，均为白色羽毛。在鹅群中，灰色羽毛又分黑灰、黄灰、白灰等几种。喙、肉瘤为黑色，蹼为黄色、黄褐色或黑灰色。成年公鹅体重 4.2～4.5 千克、母鹅 3.6～3.9 千克。该鹅每年平均就巢 4 次。雏鹅 28 日龄（4 周龄）成活率为 96％以上。在使用配合饲料和舍饲条件下，70 日龄上市；在放牧加补饲的条件下，80 日龄左右上市。上市平均体重可达（3 375±250）克。公鹅配种适龄为 160～180 日龄，母鹅 150～160 日龄开产。全年产蛋 4 窝，平均蛋重 145.2±26.7 克。公母鹅比例为 1：（5～6），种鹅利用年限 5～6 年。63 日龄屠宰率：半净膛公鹅为 82.2％、母鹅为 82.0％；全净膛公鹅为 74.1％、母鹅为 72.9％。阳江鹅开产日龄 150～160 天。年产蛋 26 个，蛋重 141 克，蛋壳呈白色。

7. 马岗鹅　马岗鹅产于广东省开平市马岗乡，故称马岗鹅。分布于佛山、雄庆、湛江及广州一带。马岗鹅属中型灰色鹅种，具有生长快、肉质鲜嫩、早熟易肥等特点。马岗鹅具有乌头、乌颈、乌背、乌脚等特征。颈的背侧黑褐色，背、翼、尾羽黑灰色，带有灰色的镶边；胸部褐色，腹部及其两侧灰白色。喙、肉瘤、蹼黑色，虹彩褐色。公鹅体型较大，头大、颈粗、脚宽、背阔；母鹅全身羽毛紧贴。成年公鹅体重 5～5.5 千克，成年母鹅 4.5～5 千克。屠宰率半净膛为 85％～88％，全净膛为 73％～76％。母鹅 140～150 日龄开产，年产蛋 35~40 枚，平均蛋重 150 克；蛋壳白色。公母鹅配种比例为 1：
(5~6)，种蛋受精率在 85% 左右，受精蛋孵化率 90% 左右。母鹅利
用年限 5~6 年；就巢性较强，每年 3~4 次，种鹅利用年限 5~6 年。

二、现代家禽养殖技术

(一) 鸡的养殖技术

1. 鸡养殖技术　鸡养殖技术主要包括草鸡饲养技术、果园及山
地土鸡放养技术、鸡林下围网养殖技术等，养殖关键技术主要包括以
下几个方面。

一是鸡苗选择。养鸡成功与否，鸡苗质量起着决定性的作用，要
选择品种较纯、体质健壮的鸡苗。一般选择中型鸡，具有对环境要求
低、适应性广、抗病力强、活动量大、肉质上乘等特点，比较适合野
外养殖。

二是温度要求。温度是育雏成功与否的关键。进雏鸡前，提早半
天就应调节好雏舍的温度，直到脱温。在具体操作过程中，观察温度
是否适宜有 2 个办法：一是看温度表，二是看鸡群的分布状况；当鸡
群扎堆、紧靠热源、不断鸣叫，表明室内温度偏低；当鸡群远离热
源、分布四周、不断张口呼吸，表明室内温度偏高；当鸡群分布均
匀、活动自如、比较安静，表明室内温度较为适宜。当室内温度偏高
或偏低时，都应及时进行调整。

三是尽早开水。雏鸡第 1 次饮水称为开水。当雏鸡运到后，尽快
将它送进育雏室（冬季尤其必要）让其自由饮水。对经长途运输或天
热时的雏鸡，饮水中加 0.9% 葡萄糖生理盐水；近距离运输的在饮水
中加 0.01%~0.02% 高锰酸钾。开水应尽早，要让 80% 以上的雏鸡
同时饮到第一口水；对反应迟钝、蹲着不动或体弱的应人工调教，或
拍手声刺激促进饮水。雏舍应当全天候供水，确保雏鸡及时饮用。

四是适时开料。给雏鸡第 1 次投料称为开料。开料时间应适当推
迟，最适宜时间应在鸡出壳后 24~36 小时。也可根据雏鸡健康状况
和外界气温情况来定，一般有 85% 的雏鸡具有食欲时为好。开料太
早，容易引起雏鸡卵黄吸收不良而成为僵鸡，导致育雏率降低及均匀

度差的弊端。开料时最好选择颗粒度小、容易消化的配合饲料。饲料应撒在尼龙布或竹团箕上使雏鸡容易吃到。投料应尽量做到少投勤添，以刺激雏鸡食欲，同时减少饲料浪费。

五是饲养密度。一般1周龄内掌握在30只/平方米，以后每周降5只左右/平方米，直到脱温后可进行野外放养。

六是搞好免疫。放养饲养期较长，疫病威胁性大，免疫极其重要。其免疫主要做好以下环节。选择优质疫苗。在选购疫苗时，务必检查疫苗的有效期、批次、生产厂家、生产日期，发现破瓶、潮解、失效或有杂质者杜绝使用。一般到兽医部门指定的店家购买为好。疫苗应应足量使用。前期若采用饮水免疫的，用量应加倍，即养1 000只鸡，使用2 000羽份疫苗进行免疫；如采取点滴免疫则用1～1.5倍量。后期免疫一般用1.5～2倍量为宜。合理的免疫程序。13～15日龄用法氏囊疫苗和禽流感疫苗，25～26日龄用法氏囊疫苗。饲养期超过100天，建议在60～65日龄注射1次Ⅰ系疫苗。采取正确的免疫方法。前期由于鸡个体小、活动量不大，容易被抓，应提倡逐只滴鼻、点眼或滴口免疫。后期可采取注射法，这样能确保雏鸡只只免疫到位，免疫效果确实，防止饮水免疫带来饮多饮少，甚至饮不到的弊端，造成免疫死角。对禽流感疫苗应皮下或肌肉注射，实行一只鸡一只棉球一枚针头的正确的免疫方法。

2. 育雏阶段主要疾病的防治

（1）白痢病　该病主要发生在7日龄内，特征是雏鸡肛门粘有白色粪便，用恩诺沙星、氟哌酸、敌菌净、土霉素等药拌料进行防治。

（2）霉菌病　好发于半月龄内，以呼吸困难、肌体脱水、消瘦、脚趾干瘪，剖检时可见肺、气囊含有霉菌结节为特征。防治上应杜绝霉变饲料、降低舍内湿度、经常更换垫料，可用制霉菌素饮水或拌料治疗。

（3）球虫病　特征为食欲减少、饮水增加、场地可见血便、少数鸡肛门周围粘有血便。剖检盲肠、小肠增粗，内含血色稀物，肠黏膜可见出血点。用青霉素饮水治疗，或磺胺类及球虫药拌料治疗，配合降低舍内湿度及饲养密度，收效尚佳。

3. 育成鸡的饲养管理要点 放养。夏季 30 日龄，春、秋季 40 日龄开始放牧，鸡群规模以每群 500～1 000 只为宜。补饲。补饲饲料用玉米、麦子、甘薯等及少量混合饲料。早上少喂，晚上喂饱。补饲多少应该以野生饲料资源的多少而定，尽量让鸡在放养场中寻找食物，以增加鸡的活动量，采食更多的有机物和营养物，提高鸡的肉质和品位。供水。整个饲养期不停水。经常观察，发现精神、食欲、粪便异常者，应及早采取措施。搞好环境卫生。按时清扫鸡舍和周围场地，定期用 2%～3% 烧碱或 20% 石灰乳对环境和用具进行消毒。对鸡粪、污物、病死鸡进行无害化处理，用药灭鼠、灭蚊、灭蝇等。适当的饲养时间。饲养期长短不当，直接影响鸡的肉质风味及养殖效益。饲养期太短，肉质太嫩，风味差，影响销路及价格；饲养期太长，饲料报酬降低，风险性大大增加，且易造成劳力、场地等资源浪费，饲养成本增加，效益下降。一般掌握在体重达 1.2～1.5 千克，时间在 80 天以上者即可上市，养殖户也可根据具体的市场行情进行合理的安排。适度的饲养规模。饲养的效益与适度的饲养规模有关，一般以一个劳力每批以 500～1 000 只为宜。条件好的也不要超出 5 000 只，这样有利于饲养管理、防疫治病、降低风险、增加效益、稳步发展。合理的轮放时间。一个场地饲养时间太久，场地会受污染、病菌增多，对鸡群健康威胁大，影响成活率，而且容易将场内的草根、树根、树皮啄尽，造成土地板结和环境污染，影响果树生长。时间太短，投资重复，成本增加，造成浪费，影响效益。一般两年一轮可以避免上述弊端。正确处理治虫与放牧的关系。一般果园养鸡虫害较少，但当需治虫时，要首先选择高效低毒低残留的农药，喷洒时尽量少喷到地面，鸡即使食入虫子，毒害的可能性也小。其次选择晴天治虫，药液滴入地面少。最好将治虫与放牧时间错开，尽量使鸡少接触到药物，以防万一。

（二）鸭的养殖技术

1. 养鸭设施建设 饲养数量较多时，可在田边、林地边、水塘边选一地势高燥的地方修建鸭舍，鸭舍地面应高出养殖区域，鸭舍坐北朝南。推荐搭建塑料大棚鸭舍，棚宽、高、长应根据养鸭数量而定。用毛竹做大棚屋架，内层铺无滴塑料膜，中间夹厚稻草保温隔热，外层再铺一层塑料膜防水并固定稻草。大棚两侧的塑料膜可放下和收起，以利于鸭舍通风和保温。按每平方米养鸭7～8只（育成及产蛋鸭）决定鸭舍面积。运动场朝向稻田，向稻田倾斜，以利于排水，并在运动场上搭建1.8米高的防晒网。运动场按每平方米养鸭3只圈围。为防止鸭舍潮湿，鸭舍可铺竹板网。

2. 鸭的饲养管理技术

（1）育雏给温与温度、湿度、密度

① 育雏方式与设施。育雏方式有笼养、网上饲养、地面垫料平养。农村条件下多为地面垫料平养。一是在大群饲养时，可利用旧房或在鸭舍的一角用编织膜或无滴塑料膜围成一个小温室（25～30只/平方米），采用铸铁铸火炉或旧煤气罐改造为燃烧煤炉升温，用导烟管将废气排出舍外。可在房舍内用无滴塑料膜或编织膜搭建1米多高的小温室，地面垫稻壳，在小温室内离地面80～100厘米高挂1个250瓦红外线灯，每盏可育雏150～200只。二是30～50只小群饲养时，可用纸箱育雏。纸箱育雏选一封闭性较好的大纸箱，内垫5厘米的稻壳或锯末，在箱底高10厘米处开1个3厘米高的长条形窗口，供雏鸭把头伸出饮水采食。如温度不够，可在箱内悬挂1盏100瓦灯泡，外用塑料膜搭盖保温，下部留缝隙通风。还可以利用移动式鸭棚育雏，棚内垫稻草，外用塑料膜把鸭棚盖严，下部留空隙通风换气，棚内如温度不够，可在内挂盏灯泡增温。

② 育雏温度。给温原则：白天低，夜晚高；晴天低，雨天高；健雏低，弱雏高。给温标准，逐渐梯度降温，此后温度保持在20℃左右即可。测量温度的位置：温度计要挂在与雏鸭所处位置的等高处，这个温度是雏鸭真正获得的温度。育雏温度适宜的标准：通过观察雏鸭状态看温度是否适宜。温度低则雏鸭挤堆，中间的雏鸭易出汗感冒患病，易压死雏鸭。温度过高则雏鸭饮水增加，张口呼吸，远离热源。温度适宜时，雏鸭伸长头颈和腿，均匀分布在鸭舍。

③ 湿度。0～10天的雏鸭湿度在65%～70%，之后55%～60%。

④育雏密度：1～10日龄，30～35只/平方米，11～20日龄，

25～30只/平方米。

（2）鸭的饲料

① 0～3周龄雏鸭推荐的饲料配方：玉米36％、稻谷13％、糙米13％、鱼粉5％、豆饼7％、花生饼11％、菜饼4.5％、米糠3％、麸皮5％、磷酸氢钙0.8％、石粉或贝壳粉0.7％、食盐0.2％、多维素0.01％，微量元素按说明添加。此配方每千克含代谢能11.5兆焦、粗蛋白20％、钙0.9％、磷0.45％。

此外，在没有专用雏鸭配合料的情况下，可用雏鸡料、乳猪料替代。小群饲养在无配合料的情况下，也可将大米蒸半熟，用水洗去黏性，每500克拌2～3个熟蛋黄，另加入20％的青菜丝饲喂雏鸭。

② 喂料量：雏鸭1～15日龄的舍饲期间，小型蛋鸭推荐第1天每只3克饲料，以后每天增加3克；兼用型鸭第1天每只平均喂料4.5克，以后每天增加4.5克。

③ 稻田放鸭后的补料。以补喂混合料为佳，饲料配方推荐如下：玉米或小麦等谷物63％、麸皮或米糠16％、饼粕18％、骨粉1.2％、石粉1.5％、食盐0.3％。根据每亩田养鸭量，每只每天平均补料50～70克。在没有混合料的情况下，也可用原粮饲料替代。批次稻鸭共育结束后，视鸭的膘情、体重情况调整补料的营养浓度与补料量，使育成鸭符合上市需要。

（3）饲喂

① 开水：雏鸭出壳24小时内应让其先饮水。初次饮水传统办法一是将50～60只雏鸭装入竹篮，把雏鸭放入水中，浸湿腿部，气温15℃以上让雏鸭在水中8～10分钟，气温低于15℃，让雏鸭在水中3～5分钟；二是把雏鸭赶入3厘米深的浅水池中活动数分钟；三是可直接向雏鸭身上喷洒温水让其相互啄食。规模养鸭则直接让雏鸭用饮水器饮水。

② 开食与喂料方法：雏鸭饮水半小时后可以喂料。雏鸭消化能力弱，喂料要少喂勤添，少吃多餐。10日龄内日喂6次（其中晚上2次），10日龄后日喂4～5次（其中晚上1～2次）。喂料宜拌湿，前1周每次采食时间控制在10分钟，以防吃过多引起消化不良。雏鸭2

周龄前必需喂配合饲料，3～4周龄喂混合料，以后可补喂谷物。喂料方法，前4～5天可将饲料撒在塑料膜上，此后改为料盆。进入稻田养鸭后，视鸭在稻田的采食情况，把每天补料分早晚两次喂给，早上少喂，晚上多喂。

③喂砂：为促进鸭消化食物，从第2周起在料中加入砂粒，砂粒直径4～5毫米，每周每百只150～200克。育成鸭可将直径6～8毫米的砂子堆放于运动场一角或鸭棚周围任其自由采食。用移动式鸭棚饲养时，可在鸭棚挂一个补饲槽，将砂粒装于槽中任其采食。

④补喂青料：为训练雏鸭采食青料的能力，3～4日龄开始在料中拌入青料，第1周龄后青料占精料的15%～20%，第2周青料占30%。

（4）分群饲养　育雏期间为防止打堆和促进生长发育均匀，按雏鸭体质强弱、个体大小每40只左右分为一群，对病、弱雏鸭加强饲养管理。

（5）鸭群驯导

①雏鸭驯水：驯水的鸭在稻田生活力强，耐水时间长，下水后羽毛不湿。一般雏鸭4日龄时，在天气温暖的12:00～14:00，让雏鸭自动下水，池水深10厘米，一次下水时间不超过10分钟，上岸后晾干绒毛后还可再下水，第1次驯水时间不超过2小时。5日龄驯水时间可4～5小时，5日龄后让其自由下水。8日龄的雏鸭体温调节已接近成年鸭，雏鸭尾脂腺已较发达，通过驯水，雏鸭可提前进入稻田。驯水时注意时间由短到长，只让绒毛稍有潮湿但不能潮湿超过一半，过于潮湿的雏鸭应挑出在温室烘干。

②雏鸭自舍饲育雏开始，每次喂料时吹口哨或固定敲击声音、播放音乐等，训练呼之即来的习性，以便管理。

③鸭群放入稻田的最初3～4天，在鸭棚附近围一暂时性的10～20平方米的初放牧区，让鸭熟悉鸭棚和稻田环境，建立补料和休息回舍的习惯。

④在鸭群下田的最初几天喂料时，应把部分谷粒撒入稻田中，训练鸭群在水中觅食的习性。

⑤ 定时补料。每天固定早上和晚上补，其他时间不补料，让鸭养成非补料时间在稻田觅食的习惯。

（6）防止中暑、农药中毒、强风暴袭击　鸭棚可放置于树荫下或通风良好的地方。当外界温度达 32 ℃以上时，应将鸭群呼唤回舍；盛夏期间，每天 9:00—16:00 不应让鸭群下田，以防中暑。稻鸭共育的水稻一般不施农药，必需施农药应为低毒农药，施药后 3～4 天鸭全部舍饲。雏鸭在田间期间，应在暴风雨来临、黎明前把雏鸭收回鸭棚，并遮挡风雨，否则易使雏鸭受凉、受惊吓而大批死亡。

（7）鸭群出田　稻谷出穗弯头后要及时把鸭赶出稻田。作为肉鸭则进行集中育肥，育肥时多喂谷物等能量饲料，少喂青料。作为蛋鸭则根据体重调整鸭群，通过喂料使鸭群生长发育均匀。

3. 鸭的疫病防治

（1）控制细菌性疾病　雏鸭育雏期内每 100 千克饲料中加入 5 克土霉素钙粉，连续用药 3～4 天停药 4～5 天，间断用药。雏鸭前 3 天的饮水中加入 50～70 毫克/千克的恩诺沙星。

（2）驱虫　在 50 日龄左右，用芬苯哒唑每千克体重 10～50 毫克拌料，一次服药。此外也可用丙硫咪唑每千克体重 100 毫克拌料，一次服药。

（3）重要传染病的预防与免疫　根据鸭病流行情况，必须接种鸭瘟、禽流感、鸭病毒性肝炎疫苗，鸭霍乱、传染性浆膜炎、大肠杆菌视当地鸭病流行情况而酌情免疫。免疫程序：70 日龄左右作为肉鸭的免疫程序，1 日龄：鸭肝炎弱毒苗（种鸭开产前和产蛋中无接种此疫苗，如种鸭接种了疫苗的雏鸭 7～10 日龄接种）；7 日龄：浆膜炎＋雏鸭大肠杆菌多价灭活苗；10 日龄：禽流感油剂灭活苗；15～20 日龄：鸭瘟弱毒苗；30 日龄：禽霍乱蜂胶灭活苗。

后备青年蛋鸭的鸭免疫程序：在上述肉鸭免疫程序的基础上，60～70 日龄分别接种鸭瘟弱毒苗、禽流感油剂灭活苗；90 日龄接种禽霍乱油剂灭活苗。

（三）鹅的养殖技术

鹅是杂食性家禽，对青草粗纤维消化率可达 40%～50%，所以有青草换肥鹅之称。从鹅的生物学角度看，鹅的肌胃压力比鸭大 0.5 倍，比鸡大 1 倍，能有效地裂解植物细胞壁，易于消化。另外鹅消化道是体长的 10 倍，而鸡为 7 倍，加上鹅小肠中碱性环境，能使纤维溶解，因而鹅从牧草中吸收营养的能力特别强。牧草营养价值高，加上配合饲料的补饲，营养全面，使发展种草养鹅成为投资少、周期短、收效高、农民致富的一条好途径。

1. 雏鹅舍的准备

（1）清洁和消毒 选择保温性能好的房屋作为育雏室。将雏鹅舍的地面、墙壁、门、窗等处打扫干净，用热石灰水粉刷墙壁，把洗净的用具放入育雏室，用 0.2% 的百毒杀喷洒 1 次后，再按每立方米容积福尔马林液 30 毫升加 15 克高锰酸钾混合，关好门窗密闭后熏蒸 24 小时以上。

（2）垫料及保温 进鹅苗前 2 天，在鹅舍铺好细木刨花、碎新鲜稻草等垫料。准备好 250 瓦的红外线灯、煤炉等取暖设备，并检查舍内有无贼风进口，在墙壁上安装抽风机以便换气。

（3）备好水盘、料盘 水盘和料盘按 5 羽雏鹅配 1 个均匀摆放，调好高度。

（4）调节温度 在雏鹅进舍前几小时，预开取暖设施，使地面与雏鹅背部等高处的温度达 28～30 ℃，并保持恒温。

2. 雏鹅的饲养管理技术

（1）育雏密度及湿度 为有效利用鹅舍设施，一般雏鹅的饲养密度为每平方米 20～25 只，最好用高为 35 厘米的围栏将雏鹅分群，舍内湿度控制在 60%～65%，湿度过高或过低，都会使雏鹅的体质下降，影响生长，所以应勤添垫草，换气排湿，降低湿度。

（2）挑选雏鹅 挑选健壮的鹅苗，健鹅苗的特征是卵黄吸收好，脐部收缩完全，腹部松软，腿部粗壮有力，体重适中，精神活泼，眼睛有神，用力一抓感到其挣扎有力，有弹性。如发现卵黄吸收不完全，可用 25 瓦灯泡放在雏鹅腹部烘 5～10 分钟，促进卵黄吸收。

（3）雏鹅的饮水和开食 水盘中备好 2% 的葡萄糖水、0.03%高锰酸钾水溶液和复合维生素水溶液，为缓解运输过程中带来的应激，可在水中加入抗生素、恩诺沙星等。鹅苗进舍后，2小时内应先饮水，身体弱不会饮水的，应人工驯饮；2小时后，把准备好的小鹅专用饲料、切碎的嫩黑麦草、苦荬菜放入料槽，任其采食，对个别不会食料的雏鹅，人工驯食1～2次。

（4）饲喂方法 雏鹅的消化系统发育未完全，体积较小，雏鹅从食入到排出经过消化道的时间为2小时左右。因此，饲喂雏鹅要做到少食多餐。1周龄前，每天可喂8～10次，其中2～3次在晚上喂，这是提高育雏成活率的关键；2周龄时每天可喂6～8次，其中晚上一定要喂1～2次；3周龄起鹅舍内放入砂盘，保健砂以绿豆大小为宜。

（5）饲料和牧草 根据雏鹅的生理特点，应选用优质小鹅专用饲料（特殊情况下可用小鸡料代替），这样不仅可以满足雏鹅的生长需要，而且可以提高育雏成活率，从而增加养鹅的经济效益。牧草可选用嫩黑麦草、苦荬菜等多汁青绿饲料，切碎后与精料拌和饲喂，供雏鹅自由采食，育雏期精料和牧草的比例为1：2。

（6）光照和温度 观察雏鹅的叫声和在舍内分布情况，根据天气变化情况，适当调整温度和光照。1周龄前要保持全天光照，舍温28～30℃；2周龄保持晚间光照，舍温24～28℃，以后逐步调低舍温；4周龄前舍温保持在20℃以上，晚上喂料时使用灯光照明。

（7）分群、卫生及通风 随着鹅体的长大，1周龄后每平方米养雏鹅20只，2周龄后每平方米养雏鹅15只，随后视天气情况，如果适宜可大圈饲养，但每群最好不超过200只。雏鹅在生长过程中，每天从身上抖落的皮屑、羽毛较多，可在每天中午温度较高时抽风换气，没有条件的可短时间开窗开门换气。勤扫栏舍，清除粪便，勤换垫料，保证舍内空气新鲜，同时搞好环境清洁卫生。

（8）定期消毒育雏舍 每天打扫鹅舍，经常清洗饲料槽、水槽，每隔5～7天用0.2%的百毒杀喷洒1次。

（9）严格执行免疫计划 根据本地实际情况和免疫程序，及时、正确地进行免疫，加强雏鹅对疫病的抵抗力。

3. 节草节粮型养鹅技术

（1）边隙地养鹅技术 鹅属草食型家禽，其生长发育需要大量的青绿饲料和部分粗饲料，青绿饲料是其营养的主要来源，因此，可利用丘陵、山坡、草地、田边地角、沟、渠、道旁的零星草地，以及小麦、水稻等收割后的茬地来进行放牧，这些地方生长着鹅可以利用的野生牧草，如水稗草、苦荬菜、蒲公英、鸡眼草、灰菜等，这些野草不但有较高的营养成分，而且很少被污染，还能达到节粮的目的。养鹅户在春夏季买鹅苗，1周龄后视气温情况，开始放牧，晚上补饲，于秋冬季出售，每只鹅仅耗饲料4～5千克，可获利15元以上。有一部分养鹅户利用边隙地、河滩杂草、面粉厂的麦灰料、瘪稻等养鹅，取得了较好的经济效益。

（2）麦田、稻田养鹅技术 鹅在麦田（或稻田）适当采食麦叶、杂草，对小麦的生长无不良影响，同时为鹅提供充足的饲料，达到粮禽共增、共同发展的目的。每亩麦田养鹅40～60只，可获益600～900元。选择适宜的鹅、麦品种，以耐粗饲、生长快的四季鹅、隆昌鹅、扬州鹅等优良品种为主，麦种选用适合本地气候和土壤结构的小麦种子。麦田养鹅的小麦种，播种期宜提早7～10天，为了提供充足的麦叶，每亩的播种量应比常规量多1.5～2.0千克。一般在12月20日前后和翌年1月20日前后每亩增施8千克尿素，促使小麦冬前早发壮苗，放牧期间应补施促苗肥。2月下旬以后，小麦拔节时应停止放牧，重施拔节肥、孕穗肥，每亩增施10千克尿素。并做好后期麦苗恢复管理工作，真正达到双增的目的。放牧管理：苗鹅一般在12月中上旬按每亩麦田50只左右购进，室内饲养20天以后，逐步放牧于麦田，直到2月底出售。放牧期间应由专人管理，把麦田划分为若干小区域，进行轮牧，放牧时应使鹅呈"一"字形队伍，横向排开，鹅粪使土壤得到改良。需要注意的是麦田放牧与牧草地放牧不同，须对鹅进行调教，以免四处乱跑，最好利用"头鹅"领牧，效果较好。如果全天放牧，夜间须给鹅加喂一次配合饲料，一般以糠麸和谷物为主，还应补给 1.5％骨粉、2％贝壳粉和 0.3％食盐，以促使骨骼正常生长，防止软骨病和发育不良。

（3）林下养鹅技术　这种模式是在不占用耕地的前提下，利用果园或林下草地养鹅，是一种无公害养鹅模式，由于鹅在放牧时只采食林间的杂草，而不采食树叶、树皮，对果、林特别是幼林，不会造成危害。林园养鹅一般有 3 种形式：落叶林（果林）养鹅：在落叶林中养鹅可在每年的秋季树叶稀疏时，在林间空地播种黑麦草，至来年 3 月开始养鹅，实行轮牧制，当黑麦草季节过后，林间杂草又可作为鹅的饲料，鹅粪可提高土壤肥力。如此循环，四季皆可养鹅。常绿林养鹅：在常绿林中养鹅主要以野生杂草为主，可适当播种一些耐阴牧草，如白三叶等，以补充野杂草的不足，一般采用放牧的方式。幼林养鹅：在幼林中养鹅可利用树木小、林间空地阳光充足的特点，种植牧草如黑麦草、菊苣、红三叶、白三叶等，待树木粗大后再利用上述两种方法养鹅。

第三节　特色畜禽养殖

一、特色畜禽养殖品种

（一）适合生态养殖的马品种

1. 纯血马　纯血马原产于英国，主要用于赛马运动，后传于世界各地马术赛事。其体型外貌干燥细致，骨骼细，腱的附着点突出，肌肉呈长条状隆起，四肢的杠杆长的有力，关节和腱的轮廓明显。头中等长，略显长而干燥。颈长直，斜向前方。尻长，呈正尻形。胸深而长，四肢高长。平均体高 165 厘米，体重 408～465 千克，毛色多为骝毛和栗毛，黑毛和青毛次之。头和四肢下部多有白章。在正常条件下，比较早熟，4 岁时结束生长发育。母马发情周期 21.9～22.9 天，发情持续期平均为 6.29 天。纯血马以其短距离速度快闻名于世。赛马跑速历来居世界最高纪录，其步幅大、较快而有弹性。据统计，纯血马 1 000 米最佳纪录为 53 秒 7 分，1 600 米为 1 分 31 秒 8 分，2 400 米为 2 分 23 秒。纯血马还是跳高和跳远世界纪录的创造者，在骑手骑乘下跳远纪录为 8.3 米，跳高纪录为 2.47 米。纯血马虽然速度很快，但持久力稍差，不善于长距离赛跑。纯血马的遗传性稳定，能将其特点遗传给后代，用以改良地方品种效果良好。

2. 伊犁马 伊犁马是我国著名的培育品种之一，产于新疆伊犁地区，中心产区在昭苏、特克斯、新源、尼勒克，巩留等地，总数有10 余万匹。伊犁马具有良好的兼用体型，体格高大，结构匀称紧凑，平均体高 144～148 厘米，体重 400～450 千克，毛色以骝毛、粟毛及黑毛为主，四肢和额部常有被称作"白章"的白色斑块，筋腱明显，关节清晰，肢势端正。在群牧条件下，对母马进行人工授精，受胎率 80％左右，母马终生产驹10～12匹。母马发情周期为 17～21 天，妊娠期 323～337 天。幼驹初生时的体高相当于成年马的 62％以上，管围相当于成年马的 56.79％，体长、胸围相当于成年马的 45％以上；生后 1 周岁的体高相当于成年马的 87.98％，管围相当于成年马的 82.74％，体长、胸围相当于成年马的 76％以上；2 周岁的体高和管围达到成年马的 94％，而体长和胸围达到成年马的 89％；至 4～5 周岁时生长发育基本完成。伊犁马具有体型外貌基本一致的品种特征和较为稳定的遗传性。具有力、速兼备的工作能力和较高的繁殖性能。耐粗饲、抗病力强，有较广泛的适应能力。

3. 河曲马 河曲马别名南番马，原产地产在甘肃、四川、青海三省交界处的黄河流域。河曲马主要属于兼用型。体质结实干燥或显粗糙，头较大，多直头及轻微的兔头或半兔头，耳长，形如竹叶，鼻孔大，颚凹较宽；颈长中等，多斜颈，颈肩结合较好；肩稍立，鬐甲高长中等；胸廓宽深，背腰平直，少数马略长。腹形正常；肢长中等，关节、肌腱和韧带发育良好；前肢肢势正常或稍外向，部分后肢略显刀状或外向；蹄大较平，蹄质略欠坚实，偶有裂蹄。毛色以黑毛、骝毛、青毛较多，其他毛色较少，部分马头和四肢下部有白章。河曲马成年公马平均体高、体长、胸围、管围和体重分别为：137.2厘米、142.8 厘米、167.7 厘米、19.2 厘米、346.3 千克，成年母马分别为：132.5 厘米、139.6 厘米、164.7 厘米、17.8 厘米、330.8千克。

4. 哈萨克马　产于新疆的哈萨克马也是一种草原型马种，主要分布在新疆天山北麓、准噶尔西部和阿尔泰西段一带。其形态特征是头中等大，显粗重，背腰平直，毛色以骝毛、栗毛、黑毛为主，青毛次之。成年体尺：公马体高为 140 厘米，体长为 144.2 厘米，胸围为 167.0 厘米，管围为 19.3 厘米；母马相应为 133.7 厘米、139.5 厘米、161.7 厘米和 17.3 厘米。速力 1 000 米 1 分 17 秒，最大挽力为 438.6 千克，成年母马屠宰率为 53.6%，净肉率为 42.1%，受胎率在 90% 以上。

5. 蒙古马　蒙古马是中国乃至全世界较为古老的马种之一，主要产于内蒙古草原，是典型的草原马种。蒙古马体格不大，平均体高 120～135 厘米，体重 267～370 千克，母马平均体尺：体高 128.6 厘米，体长 133.6 厘米，胸围 154.2 厘米，管围 17.4 厘米。身躯粗壮，四肢坚实有力，体质粗糙结实，头大额宽，胸廓深长，腿短，关节、肌腱发达。被毛浓密，毛色复杂，具有适应性强、耐粗饲、易增膘、持久力强和寿命长等优良特性。经过调驯的蒙古马，在战场上勇猛无比，历来是一种良好的军马。

（二）适合生态养殖的驴品种

1. 关中驴　关中驴产于陕西省关中平原，其性温驯而活泼，被毛多黑色（亦有栗、灰色）。关中驴体格高大，结构匀称，体型略呈长方形。头颈高扬，眼大而有神，前胸宽广，开张良好，体态优美。90% 以上为黑毛，少数为栗毛和青毛。关中驴被毛短细，富有光泽，多为黑色，其次为栗色、青色和灰色。以栗色和黑色，且黑（栗）白界限分明者为上选。特别是鬊毛及尾毛为淡白色的栗毛公驴，认为它能配出红骡。成年体尺：公驴体高为 133.2 厘米，体长为 135.4 厘米，胸围为 145.0 厘米，管围为 17.0 厘米；母驴相应为 130.0 厘米、130.3 厘米、143.2 厘米和 16.5 厘米。体重：公驴平均为 263.6 千克，母驴平均为 247.5 千克；最大挽力公驴为 246.6 千克，现已广泛用来改良其他地区的驴品种。

2. 德州驴　产于山东省德州、惠民以及河北省南部平原渤海沿岸地区，所以又名渤海驴。德州驴体格高大，结构匀称，外形美观，体型方正，头颈躯干结合良好。德州驴平均体高一般为 130～135 厘米，最高的可达 155 厘米，德州驴生长发育快，12～15 月龄性成熟，2.5 岁开始配种。1 岁驹体高、体长为成年驴的 85％以上。母驴一般发情很有规律，终生可产驹 10 头左右；作为肉用驴饲养成年平均体重可达 200 千克，屠宰率可高达 54％，出肉率较高。

3. 佳米驴　佳米驴是我国驰名的中型驴种，主要产于陕西省佳县、米脂、绥德三县和山西省的临县等地。佳米驴体格中等，略呈方形，体质结实，结构匀称，眼大有神，耳薄而立；颈肩结合良，背腰平直，四肢端正，关节强大，肌腱明显，蹄质坚实。公驴颈粗壮，胸部宽，富有悍威，母驴腹部稍大，后躯发育良好；佳米驴性成熟为 2 岁，3 岁开始配种，每年 5～7 月为配种旺季，母驴多为 3 年 2 胎，终生产驹 10 头，屠宰率 49.2％，净肉率达 35％。佳米驴对干旱和寒冷气候的适应性强，耐粗饲，抗病力强，消化器官疾病极少，也能适应黑龙江、青海等地寒冷气候，耐粗饲、耐劳苦，性情温顺，行动敏捷，既有使役价值又有肉用价值。

（三）适合生态养殖的兔品种

1. 四川白兔　四川白兔广泛分布于四川省。适应性、繁殖力和抗病力均较强，耐粗饲，是四川省分布较广的皮肉兼用地方品种。四川白兔体型小，结构紧凑。头清秀，嘴较尖，无肉髯。眼红色，耳短小、厚而直立。乳头一般为 4 对，据测定：母兔中有 3 对乳头的占 5.41％，4 对乳头的占 83.78％，5 对乳头的占 10.81％。被毛优良，短而紧密。毛色，多数纯白，亦有少数个体黑、黄、麻色。成年母兔体重为 2.35 千克，体长为 40.4 厘米，胸围为 26.7 厘米，耳长为 10.9 厘米，耳宽为 5.6 厘米，耳厚为 1.05 毫米。母兔最早在 4 月龄即开始配种。公兔一般都在 6 月龄开配。母兔最多年产仔可达 7 窝，最多的一窝产仔 11 只。

2. 福建黄兔　福建黄兔为福建兔的黄毛系，是福建省古老的地方优良品种。其具有适应性广、抗病力强、繁殖率高、胴体品质好和药用功能等优点，素有"药膳兔"之称，深受消费者喜欢。其全身紧披黄色短毛，下倾沿腹部至胯部呈白色带；头呈三角形，大小适中，清秀；双耳小而稍厚钝形，呈 V 形，稍向前倾；眼虹膜为黑褐色；头颈腰结合良好，背线平直，后躯发达呈椭圆形；肢强健有力，后脚粗且稍长，善于跳跃奔跑及打洞。适应野外活动，野外生存能力强。早熟：90 日龄即有求偶表现，105～120 日龄即可初配，比其他品种兔一般要早 30～60 天。泌乳高峰出现早：其他品种兔泌乳高峰期出现在产后 18 天。其泌乳高峰期在产后第 9 天出现，维持到 16 天后才开始缓慢下降。这给仔兔一个诱食的过程，因而仔兔成活率高，达 95％以上。屠宰率高，屠宰后经适宜水温褪毛，体表洁白，皮肤紧贴肌肉，下锅煮熟后皮肉仍不分离，全净膛屠宰率 48.5％～51.5％。

3. 云南花兔 云南花兔是一种肉皮兼用型兔，它的适应性广，抗病力强且生长快。耳短而直立，嘴尖，无垂髯，白毛兔的眼为红或蓝色，其他毛色兔的眼为蓝或黑色。毛色以白色为主，其次为灰色、黑色、黑白杂花，少数为麻色、草黄色或麻黄色。云南花兔是一种肉皮兼用型兔，它的适应性广，抗病力强且生长快。云南花兔的耳长为 7～10 厘米，耳宽 4～6 厘米，耳厚为 0.10～0.15 厘米。成年母兔的体重在 2 千克左右。母兔一般在 6～7 月龄体重达 1.4～1.5 千克时开始配种，一年可产 7～8 窝，成活率在 90％以上。云南花兔 8 月龄的屠宰率为 58.7％，1 岁龄的屠宰率为 60.5％。

4. 万载兔 万载兔具有耐粗饲、抗病力强、胎产仔数高，对中国南方亚热带温湿气候适应性强，被毛毛色多样且遗传性能相对稳定、肉质好等优良特性，对培育适合南方亚热带地区养殖的肉用兔新品种、新品系和提高家兔自身免疫性能有较高的利用价值。万载兔头清秀，嘴尖、唇裂、耳小而竖立，且有毛，眼为蓝色（白毛兔为红色），背腰平直，尾短。按体型可分为 2 种：体型小的为"火兔"（又称月月兔），毛色以黑为主；体型大的是"木兔"（又名四季兔），毛色为麻色。毛粗而短，着生紧密，乳头 4 对，少数 5 对。黑兔体重为 1.75～2.25 千克，麻兔体重为 2.5～3.0 千克；体长为 38～50 厘米，胸围为 25～34 厘米。性成熟为 100～120 日龄，始配日龄为 145～160 日龄。母兔年产 5～6 胎，每胎平均产仔 8 只，生长速度较快。8 月龄可屠宰，屠宰率为 62.5％，兔肉的蛋白质可达 20.4％，且含胆固醇较低。

二、特色畜禽养殖技术

（一）马的养殖技术

1. 公马的饲养管理 为了保证种公马体质健壮、性欲旺盛、精液量多且品质好，延长使用年限，必须要有正确的饲养管理方法。在饲养上，首先要保证种公马的营养需要，粗饲料主要是由优质干苜蓿和羊草混合而成，除了饲喂精料和粗饲料以外，为了提高精液品质，最好补充一些维生素进行"特殊关照"。在非配种期间，精料参考配方为燕麦50％、黄豆10％、黑豆10％、麸皮10％、玉米10％、葵花籽8％、矿物质2％。其中，矿物质包括盐、钙粉等。另外，黄豆要用水泡透，黑豆要煮熟。在配种期间，可以降低燕麦5％的比例，增加鸡蛋、酸奶、红米等营养饲料。

2. 母马的饲养管理 种母马主要分为空怀期和妊娠期。空怀期母马体重下降较快，需要提高营养，促进发情。

粗料为8～12千克/天，精料为3～4千克/天。粗料可以是优质苜蓿、羊草。其中精料参考配方为：燕麦35％、黄豆15％、黑豆12％、麸皮10％、玉米15％、葵花籽10％、矿物质3％。

妊娠母马：妊娠母马的饲养管理，除满足母马本身的营养需要外，还要保证胎儿的正常发育及产后泌乳的需要，所以怀孕母马的日粮必须含有丰富的营养。妊娠期应增加富含钙、磷、维生素的食物。推荐使用胡萝卜、马铃薯和甜菜，这些食物可以提高维生素的摄入，有助于消化，还可以预防流产。妊娠期最后1～2个月的饲养管理对泌乳量的提高非常重要，要加强饲养，但在分娩前2～3周应适当减少饲料，给予质地优良、松软、易消化的饲料。

3. 幼驹的饲养管理 幼驹出生后，对外界适应能力比较差，而其发育又同以后成年马的生产性能密切相关。因此，必须重视幼驹的饲养管理。整个幼驹期为6个月。幼驹出生3天内，如果天气好，可让幼驹随母马做户外运动。10～15天时，幼驹开始自行吃草，1个月后开始补料。准备易消化的麸皮和压扁的大麦、燕麦等，加适量豆

123

饼，饲喂时加水、浸湿拌匀，开始每日 50 克，分 2 次喂，以后逐渐增加饲喂次数至每日 3 次。

4. 育成马的饲养管理 幼驹满 6 月龄时，就可以从幼驹舍转入育成马舍，进入育成马阶段，育成马阶段时间为 6～30 月龄。这一阶段是幼驹全面生长发育的时期，应补充肌肉骨骼生长素、奶粉等营养物质。以上为大家介绍的是依据生理特性进行的区别饲喂，另外，在马匹的实践使用中，运动强度是非常重要的一个指标，所以，也要结合马匹不同程度的运动强度进行个性化饲喂。

5. 马在饲喂时的注意事项 马匹通常日喂 3～4 次，每天要定时饲喂，不得随意更改饲喂时间，以免破坏马的饮食规律而导致消化系统紊乱。每日的精料白天分 2～3 次饲喂，每次饲喂时，应本着先粗后精的原则，即先喂粗饲料，后喂精饲料。提倡晚上补饲，俗话说：马无夜草不肥，这可是有一定科学道理的。因为，白天马大多处于运动或者劳役状态，没有充足的时间消化和吸收饲料，所以，可以把每天饲喂干草量的一半以上放在晚上饲喂。

(二) 驴的养殖技术

驴的人工养殖中，驴舍应达到通风干燥、卫生清洁、冬暖夏凉的要求，最好选择背风、向阳、干燥、温暖而又凉爽的房屋，可设计成半封闭式。肉驴一般采用舍饲进行养殖，饲喂等工作都在驴舍里进行。集约化肉驴育肥，以圈厩养殖为好。一般的圈厩达到上能挡雨、下可遮风的效果就可以。圈舍内应该设有供给食用的食槽，每头驴应留足 60～80 厘米的食位。在成年驴之间，按食位的距离，设置坚固的栅栏为障，以阻止其互相袭扰。驴舍外要设运动场，可让驴在运动场上打滚儿或自由活动。运动场面积约为驴舍面积的 2 倍。为了预防肉驴群发病，就要注意和加强驴舍的日常管理工作。驴舍日常管理工作主要做到经常保持驴舍和运动场的清洁，还要定期消毒。消毒药液一般使用 2% 火碱和 1∶130 的益康消毒液，并将这 2 种药液交替使用。消毒时，可将配好的消毒液直接喷洒驴舍内的地面和墙壁以及舍外运动场，每周喷洒 1 次即可。

1. 育肥前的饲养管理技术 要对购进的驴先进行驱虫，然后按性别、体重分槽进行饲养。对于初生驴，从 15 日龄开始饲喂由玉米、小麦、小米等份混匀熬成的稀粥，加少许糖（糖不能喂得太多，一般是将糖用作诱食）。精料饲喂从每日喂 10 克开始，以后逐步增加。到 22 日龄后，每日喂混合精料 80～100 克，其配方为大豆粕加棉籽饼 50％、玉米面 29％、麦麸 20％、食盐 1％，1 月龄每头驴日喂 100～200克，2 月龄日喂 500～1 000 克。如果是新购进的成年驴或是淘汰的役驴，就应该先饲喂易消化的干草、青草和麸皮，经几天观察正常后，再饲喂混合饲料，粗料以棉籽壳、玉米秸粉、谷草、豆荚皮或其他各种青草、干草为主，精料以棉籽饼（豆饼、花生饼）50％、玉米面（大麦、小米）30％、麸皮（豆渣）20％配合成。饲喂时讲究少喂勤添，饮足清水，适量补盐。

2. 育肥期的饲养管理技术 要根据肉驴的年龄、体况、公母、强弱进行分槽饲养，不放牧，以减少饲料消耗，利于快速育肥。肉驴育肥进程可分为适应期、增肉期、催肥期 3 个阶段，因而应根据育肥进程做好肉驴育肥期的管理。成年驴所喂饲料与适应期的饲料相同。幼驴日补精料量从 100～200 克开始，2 月龄后日补 500～1 000 克，以后逐月递增。到 9 月龄时日喂精料可达 3.0～3.5 千克。全期育肥共耗精料 500 千克。若将棉籽炒黄或煮熟至膨胀裂开，每头驴日喂 1 000克，育肥效果更佳。

3. 催肥期的饲养管理技术 催肥期为 2～3 个月，主要促进驴体膘肉丰满，沉积脂肪。除上述日料外，还可采取以下催肥方法：①每头驴每天用白糖 100 克或红糖 150 克溶于温水中，让驴自饮，连饮 10～20 天。②每头驴取猪油 250 克、鲜韭菜 860 克、食盐 10 克炒熟喂，每日 1 次，连喂 7 天。③将棉籽炒黄熟至膨胀裂开，每头驴每日喂 1 000 克，连喂 15 天。在育肥过程中再添加适量锌，可预防脱毛及皮肤病。舍饲肉驴一定要定时、定量供料，每天分早、中、晚、夜 4 次喂饲，春夏季白天可多喂 1 次，秋冬季白天可少喂 1 次，但夜间一定要喂 1 次。

4. 搞好养殖环境及疾病防疫 肉驴同骡马一样，容易患传染性贫血、鼻疽和破伤风等。集约化养殖肉驴更要坚持"防治结合、预防为主"的原则，注意环境卫生，防止疫病发生。①肉驴在下槽离圈时，应让其饮足清洁水，严禁饮用污染水或脏水。②搞好饲舍卫生，圈厩内不留隔夜粪便，食槽和水缸要定期清洁消毒。圈厩应建在远离村庄的地方，以免受疫病感染。③肉驴每次进圈或出圈时，尤其是使役完毕后，要让其痛痛快快地打几个滚，并逐个进行刷拭。这样做不仅有利于皮肤清洁，更能促进血液循环，加强生理机能，增进健康。④经常观察，一经发现肉驴有不适之态，或有减食表现，要立即请兽医处理。⑤在设置食位隔护栏时，越坚固越好，以免公母混养的圈厩，因相互撕咬、碰撞而造成意外创伤，诱发破伤风。

（三）兔的养殖技术

种公兔饲养的好坏，对后代起着至关重要的作用。因此，必须对公兔进行科学的饲养管理。种公兔要注意营养全面，在非配种季节也要维持一定的营养水平，使种公兔健壮而不过肥。在配种季节，饲料应营养价值高、容易消化、适口性好，日粮中适当地加入大麦芽、胡萝卜、豆饼等。公兔精液的质量，取决于饲料中的营养，所以要保证营养全面。日粮中蛋白质含量，非配种期为12%，配种期为14%、15%，适当补充鱼粉、蚕蛹粉、鸡蛋或血粉等动物性蛋白质饲料。每千克日粮中应含钙0.8%、磷0.4%、维生素A 0.6%或胡萝卜素0.85～0.9毫克，在配种前1个月应补饲胡萝卜、麦芽、黄豆或多种维生素。

1. 配种期要增加饲料量　因增加营养物质后需经20天才能从精液上看出效果，因此，应在配种前1个月增喂配种期饲料。每天配种2次时须增加饲料量25%，增加精料30%～50%。同时供给谷物型酸性饲料，可加强公兔精子的形成。种公兔的饲料要求营养价值高，容易消化，适口性好，如果喂给容积大、难消化的饲料，必然增加消化道的负担，引起消化不良，从而抑制公兔性活动。如果营养不足会引起公兔亏虚和精子活力降低。同时要加强运动，使其性欲旺盛，以提高精液质量。

2. 留种　选作种用的公兔到3月龄后，必须与母兔分开饲养。因为此时公兔的生殖器开始发育，公母兔混在一起会发生早配或乱配现象。种公兔到 4 月龄后，应分开单独饲养，以增强它的性欲和避开公兔之间互相斗殴，公兔笼和母兔笼要保持较远的距离，避免异性刺激。配种时，应把母兔捉到公兔笼内，不宜把公兔捉到母兔笼内进行交配。因为公兔离开了自己熟悉的环境或气味不同，都会使之感到突然，精力不集中，抑制性活动机能，影响配种效果。配种次数一般 1 天 2 次为宜，后备种公兔不能过早使用，以免影响生长发育，造成早衰。成年公兔每交配 2 天后应休息 1 天，切勿使用次数过多，否则会影响公兔精液品质和使用年限。为了避免公兔交配负担过重，每只公兔可固定母兔 8～10 只，配种公兔还要定期检查生殖器，如发现有炎症或其他疾病则应立即停止配种，及时给予治疗。另外，公兔在换毛期不宜配种，因为换毛期间，消耗营养过多，体质较差，此时配种会影响公兔健康和母兔受胎率，此期间应加强蛋白质饲料，促进换毛。种公兔要保持多运动，多晒太阳，以防止肥胖或四肢软弱，一般每天要保证 2～4 小时的户外运动。同时要保持笼舍清洁卫生，勤打扫，勤消毒，控制疾病发生。

3. 母兔的饲养管理

（1）空怀期管理　母兔的空怀期是指仔兔断奶到再次怀孕的一段时间。空怀期母兔，由于经历了妊娠、泌乳，消耗体内大量的营养物质，身体比较瘦弱，为了使母兔尽快恢复体力保持正常发育、配种和怀孕，要补充营养，但在空怀期的母兔不能养得过肥或过瘦。

（2）怀孕期管理　母兔在怀孕的 15～25 天易流产，流产前也会衔草拉毛营巢，生出未成形的胎儿多被母兔吃掉。为了防止流产，应注意日粮的营养水平和饲料卫生，不喂发霉变质的饲料，不突然改变日粮，不无故捕捉母兔，兔舍要保持安静，做好产前护理工作。

（3）哺乳期饲养管理　母兔分娩到仔兔断奶这一段时间，为了获得发育正常、增重快而健壮的仔兔，必须设法提高母兔的泌乳量。母兔分娩后 1～2 天食欲不振，体质弱，此时要多喂些鲜嫩青绿多汁饲料，少喂精料，3 天以后逐步增加精料量。

（4）临产母兔饲养管理　对怀孕已达 25 天的母兔可调整到同一兔舍内以便管理，兔笼和产箱要进行消毒，消毒后的产箱放入笼内，产箱内要有充足的优质柔软的经过日光消毒的垫草,放入箱内让母兔熟悉环境,便于衔草、拉毛做窝。产仔期间需专人昼夜值班。不拉毛的母兔需人工帮助拉毛,拉毛可促进泌乳。

4. 仔兔的饲养管理 仔兔饲养管理,依其生长发育特点可分为睡眠期和开眼期两个阶段。

(1)睡眠期 仔兔出生后至开眼期前,称为睡眠期。在这个时期内饲养管理的重点是:①早吃奶,吃足奶。初乳中有许多免疫抗体,能保护仔兔免受多种疾病的侵袭,应保证初生仔兔早吃奶、吃足奶。睡眠期的仔兔要能吃饱奶、睡好,就能正常生长发育。②精心管理。初生仔兔全身无毛,产后4～5天才开始长出细毛,这个时期的仔兔对外界环境适应能力差、抵抗力弱,因此,冬春寒冷季节要防冻,夏季炎热季节要降温防蚊,同时要防鼠兽害。认真做好清洁工作,稍一疏忽就会感染疾病。

(2)开眼期 12天左右开眼,从开眼到离乳,这一段时间称为开眼期。此时期,由于仔兔体重日渐增加,母兔乳汁已不能满足仔兔需要,常紧追母兔吸吮乳汁,所以开眼期又称追乳期。在这段时间饲养重点应放在仔兔的补料和断奶上。①抓好仔兔的补料。野兔到产后16日龄就开始试吃饲料。这时,可以少喂些易消化而又富含营养的饲料,如豆浆、豆腐或剪碎的嫩青草,青菜叶等。到产后18～20日龄时,可喂些干的麦片或豆渣,到产后22～26日龄时,可在同样的饲料中拌入少量矿物质、抗生素、洋葱等消炎、杀菌、健胃药物,以增强体质,减少疾病。在喂料时要少喂多餐,均匀饲喂,逐渐增加。一般每天喂给5～6次,每次分量要少一些。在开食初期哺母乳为主,饲料为辅,直到断奶。在这个过渡阶段,要特别注意缓慢转变原则,使仔兔逐步适应,才能获得良好效果。②抓好仔兔的断奶。仔野兔到40～45日龄,体重500～600克就可断奶。过早断奶,仔兔的肠胃等消化系统还没有充分发育成熟,对饲料的消化能力差,生长发育会受影响。断奶越早,仔兔的死亡率越高。但断奶过迟,仔兔长时间依赖母乳营养,消化道中各种消化酶形成缓慢,也会引起仔兔生长缓慢,对母兔的健康和每年繁殖次数也有直接影响。采用一次断奶法,即在同一日将母子分开饲养。对离乳母兔在断奶后 2～3 日，只喂青料，停用精料，以利断奶。③抓好仔兔的管理。仔兔开食时，往往会误食母兔的粪便，易感染球虫病。为保证仔兔健康，最好从 15 日龄起，母仔分笼饲养，但必须定时给奶；常给仔兔换垫草，保持笼内清洁干燥；要经常检查仔兔身体健康情况，让仔兔到运动场上适当运动；断奶仔兔的日粮要配合好。

5. 兔育肥期的饲养管理　催肥期幼兔一般从断奶期开始催肥，3～3.5月龄，体重达 2.5 千克时要宰杀。在催肥期间，若发现兔采食量忽然减少，即标志兔催肥成熟，应立即出售。

（1）公兔去势　去势有利于公兔积蓄脂肪，降低饲料消耗，使育肥速度提高 15％。去势时间应选在公兔出生后的 56～70 天。常用去势方法是手术切除法：先将公兔腹部朝上放在凳子上，用绳将四肢固定，左手将其睾丸从腹部挤入阴囊，捏紧，使睾丸不能滑动，以酒精消毒阴囊，用手术刀将阴囊切开 1 个口子，挤出睾丸，切断精索，取出睾丸，用线缝好伤口再用碘酒涂切口。

（2）精心管理　催肥兔的饲料以精料为主，合理配方是：玉米23.5％、大麦 11％、麦麸 5％。豆饼 10％、干草粉 50％、食盐0.3％、维生素和微量元素 0.2％。饲喂应定时定量，加喂夜食，每天喂 3～4 次。全天饲喂量的比例，一般是早晨占 30％、中午 20％、晚上 50％。

6. 养殖兔的主要疾病与防治　兔的抗病力强，只要做好卫生防疫工作，一般不会轻易得病；但在日常的饲养管理过程中仍要注意疾病的防疫与治疗。当前侵袭我国兔业发展的主要疾病，主要是传染病，其次是寄生虫病。

（1）野兔病毒性出血症（俗称兔瘟）　它是在传染病中威胁最大的一种病，该病从 1984 年至今，我国所有养兔区，可以说都有过此病的流行，而且在亚洲、欧洲、美洲、大洋洲等一些国家也相继发生过此病。因此，此病已成为世界性养兔大敌。尤其以侵害壮年兔为主，死亡率可高达 100％。所以兔瘟的危害性可以说是兔病之冠，一般情况下不轻易得此病。近几年，发现本病流行和发病特点有向幼龄化变化的趋向，应该加以注意。由于有些地区不够重视防疫措施，造成本病呈零星发生或地方性流行的现象仍然存在。因此，不能掉以轻心。

（2）真菌性疾病　真菌是一种对外界环境的适应能力较强，对营养要求不高的一类单细胞或多细胞的微生物。近几年，我国养兔场、户饲养规模趋大，兔的数量多、密度大，在密集型的饲养条件下，兔一旦感染了真菌性疾病，其传染较迅速，而且会导致皮、毛的损害。因此，此病对养兔业危害极大。

（3）腹泻病　病原包括有魏氏梭菌、大肠杆菌、克雷伯氏菌。这3种细菌感染野兔后都是以腹泻为特征。但兔腹泻的病因学是一个复杂问题，即包括了病原微生物的致病作用，也包括饲养管理方面的因素，在平均10％～20％死亡兔群中几乎有70％以上是由于腹泻病而死的。腹泻病的微生物因子往往是条件性的，即当设备条件简陋、卫生条件差、饲料品质不良、饲养管理低下等不良条件，其本身除可以引起兔子发生腹泻外，还也可以诱发微生物的致病作用。另外应考虑的是，兔是食草性动物，在日常饲料配比中，应以青草为主，精料为辅，草中纤维素能刺激胃肠黏膜，维护肠肌肉系统的紧张性，降低盲肠、结肠负荷，若饲料中缺乏纤维会影响胃肠道功能而引起腹泻，同样道理，过多谷物进入肠道，就天然地给微生物大量繁殖创造条件，导致微生物增殖，产生毒素，引起腹泻。当然，除饲料因素外，还包括季节因素（严寒或酷暑）、不洁的饮水和饲草等诸多方面的因素。

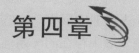

第四章

现代水产养殖业

水产品是人类最主要的蛋白质来源之一。作为一个拥有 13 亿人口的大国，渔业对于保障中国的粮食安全和营养水平至关重要。据统计，中国水产品人均占有量 49.91 千克，占到动物性食物消费量的 30%，其中约 70% 来自水产养殖。近 40 年来的水产养殖成功经验已对世界产生了重要影响，并被国际知名专家推介为未来面对食物短缺、保障食物安全最有效率的动物蛋白生产方式。

当前，我国正处于由传统水产养殖业向现代水产养殖业转变的重要发展机遇期，而且面临着诸多挑战，如资源短缺问题、环境与资源保护问题、病害与质量安全问题、科技支撑问题、生产方式问题等。因此，必须推进现代水产养殖业建设，坚持生态优先方针，以建设现代水产养殖业强国为目标，加快转变水产养殖发展方式。2016 年全国渔业渔政工作会议上指出，要紧紧抓住"转方式、调结构"主线，咬定"提质增效、减量增收、绿色发展、富裕渔民"总目标，坚持"稳中求进、进中求好"工作总基调，持续深化渔业供给侧结构性改革，着力培育新动能、打造新业态、扶持新主体、拓宽新渠道，加快推进渔业转型升级。2018 年，农业农村部渔业转型升级会强调，当前渔业发展的主要矛盾已经转化为人民对优质安全水产品、优美水域生态环境的需求，与水产品供给结构性矛盾突出、渔业资源环境过度利用之间的矛盾。2019 年，《关于加快推进水产养殖业绿色发展的若干意见》的出台也提出要转变养殖方式，大力发展生态健康养殖模式，改善养殖环境。

政策引领、市场推动和科技创新为水产养殖模式变革聚集了强大的应变能力，新时代生态文明建设驱动了水产养殖模式变革，创新、协调、绿色、开放、共享的新发展理念同样融入渔业发展中。生态环保养殖技术的应用和推广有助于解决水产养殖发展中存在的一系列不平衡、不协调、不可持续的问题。本章简要总结了池塘生态工程化养殖技术、工厂化循环水养殖技术、多营养层级综合养殖技术、稻渔综合种养技术及其他网箱、流水、大水面等养殖技术，为推进生态健康养殖模式提供具体指导作用。

第一节　池塘生态工程化养殖

池塘养殖是中国水产养殖的主要形式和水产品供应的主要来源。据《中国渔业统计年鉴（2019）》资料（农业农村部渔业渔政局，2019），2018 年全国有池塘 306.7 万公顷，产量 2 457.6 万吨，占全国渔业总产量的 49.2％，在保障食品安全方面发挥了不可替代的作用。中国有悠久的池塘养殖历史，是世界上最早开展池塘养殖的国家，中国的"桑基渔业""蔗基渔业"等生态模式和"八字精养法"等养殖技术，为世界水产养殖业作出了巨大的贡献。

池塘生态工程化养殖是按照池塘养殖生态系统结构与功能协调原则，结合物质循环与能量流动优化方法，设计的可促进分层多级利用物质的池塘养殖方式。池塘生态工程化养殖建立在生物工艺、物理工艺及化学工艺的基础之上，它依据自然生态系统中物质能量转换原理并运用系统工程技术去分析、设计、规划和调整养殖生态系统的结构要素、工艺流程、信息反馈关系及控制机构，以获得尽可能大的经济效益和生态效益，是符合"创新、协调、绿色、开放、共享"发展理念和水产养殖调结构、转方式，"提质增效、减量增收、绿色发展"的生态高效养殖方式（唐启升，2017）。

一、发展现状

生态工程（ecological engineering）是 1962 年美国 H. T. Odum

提出并定义为"为了控制生态系统，人类应用来自自然的能源作为辅助能对环境的控制"（Odum，1996）。20 世纪 80 年代后，生态工程在欧美等国逐渐发展，出现了多种认识与解释，并提出了生态工程技术。我国的生态工程最早由已故生态学家马世骏先生于 1979 年提出，并将生态工程定义为："应用生态系统中物种共生与物质循环再生原理，结构与功能协调原则，结合系统分析的最优化方法，设计的促进分层多级利用物质的生产工艺系统"（孙鸿良等，2017）。近 20 年来，生态工程化技术在水产养殖中发展迅速，并形成了生态工程化的养殖模式，如王大鹏等（2006）研究了对虾池封闭式综合养殖模式，发现对虾、青蛤和江蓠三元混养的综合产量提高了 25.7%，投入氮利用率提高了 85.3%。黄国强等（2001）设计了多池塘循环水对虾养殖系统，该系统中每个池塘既是综合养殖池又是水处理池，通过池塘间的调控维持了养虾池塘的水环境稳定。冯敏毅等（2006）分别用微生态制剂、菲律宾蛤（*Ruditapes philippinarum*）、江蓠（*Gtenuistip*）构建健康养殖系统，发现单独采用任何一种生物的修复都不完善，只有实施综合的调控才能实现池塘环境修复。近几年，一些专家对生态工程化系统根据养殖对象的不同做了更进一步的构建和优化，如刘兴国等（2010）构建了池塘生态工程化循环水养殖系统，李谷（2005）研究设计了一种复合人工湿地-池塘养殖生态系统，泮进明等（2004）在实验室研究构建了"零排放循环水水产养殖机械-细菌-草综合水处理"系统等，均取得了良好的效果，为中国池塘生态工程化养殖奠定了基础，成为改变传统池塘养殖模式的重要手段。

国外池塘养殖不发达，但在池塘养殖生态特征和调控等方面研究较为深入。如 Scoatt 等（2001）提出了水产养殖生态工程化系统设计原则。Wang Jaw-kaim 等（2003）建立了基于微藻的凡纳滨对虾（*Litopenaeus vannamei*）生态工程化循环水养殖系统，有效提高了饲料利用率，减少了养殖污染。以色列 Sofia Morais 等（2006）构建的"虾（*L. vannamei*）-藻（*Navicula lenzi*）-轮虫（*Rotifer*）"复合养殖系统，提高了系统对营养物质的转化效率。Bamy 等（1998）将水产养殖与湿地系统相结合，建立了基于湿地净化养殖排放水的养殖系统，有效降低了养殖污染排放。Steven 等（1999）研究了人工湿地对养殖排放水体中总悬浮物 TSS（total suspended solid）、三态氮（氨氮、亚硝酸盐、硝酸盐）较高的有效去除效果。David 等（2002）将湿地作为生物滤器，用于高密度养虾系统对鱼池中总悬浮颗粒、总氮、总磷的去除率分别达到了 88％、72％和 86％。Lin（2002）研究了基于表面流和潜流湿地的循环水养殖系统，并应用于对虾养殖。

近 30 年来，随着中国池塘养殖产量的不断提高，养殖过程中资源消耗大、养殖污染重、产品质量差以及生产效率低等问题日益突出，为了解决以上问题，集成了生态学、养殖学、工程学等的原理方法和生态工程化养殖方式在中国快速发展，复合人工湿地、生态沟渠、生态护坡等生态工程设施和渔农结合、生态位分隔、序批式设施等高效养殖模式不断出现。至 2015 年底，全国生态工程化养殖已达到 5 万公顷以上，取得了良好的社会、经济、生态效益，成为中国池塘养殖转型升级的重要方法。2015 年以来，以唐启升院士为首的一批水产专家在充分调研我国水产养殖状况的基础上，更提出坚持"高效、优质、生态、健康、安全"发展理念。

二、生态工程化技术

（一）基本原则与特点

生态工程是从系统思想出发，按照生态学、经济学和工程学的原理，运用现代科学技术成果、现代管理手段和专业技术经验组装起来的，以期获得较高的经济、社会、生态效益的现代农业工程系统。建立池塘养殖生态工程模式须遵循如下几项原则。

1. 因地制宜 根据不同地区的实践情况来确定本地区的生态工程模式。

2. 增加物质、能量、信息的输入 生态系统是一个开放、非平衡的系统，在生态工程的建设中必须扩大系统的物质、能量、信息的输入，加强与外部环境的物质交换，提高生态工程的有序化，增加系统的产出与效率。

3. 交叉综合的生产方式 在生态工程的建设发展中，必须实行劳动资金、能源、技术密集相交叉的集约经营模式，达到既有高的产出，又能促进系统内各组成成分的互补、互利协调发展。

生态工程有独特的理论和方法，不仅是自然或人为构造的生态系统，更多的是社会-经济-自然复合生态系统，这一系统是以人的行为为主导、自然环境为依托、资源流动为命脉、社会体制为经络的半人工生态系统。

（二）生态工程的方法

生态工程技术通常被认为是利用生态系统原理和生态设计原则，生态工程规划与设计的一般流程为：生态调查系统诊断综合评价生态分区及生态工程设计、配套、生态调控等。

生态分区与生态工程设计：根据生态调查、系统诊断及综合评价的结果，进行生态分区，在生态分区的基础上进行生态工程的设计。生态分区是根据自然地理条件、区域生态经济关系及农业生态经济系统结构功能的类似性和差异性，把整个区域划分为不同类型的生态区域。现有的区划方法有经验法、指标法、类型法、叠置法、聚类分析法等，根据分区的原则与指标，运用定性和定量相结合的方法，进行生态分区，并画出生态分区图。图4-1为池塘生态工程化循环水养殖模式。

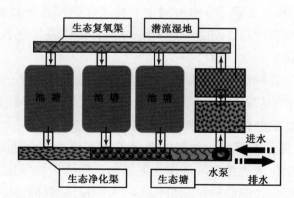

图4-1　池塘生态工程化循环水养殖模式（徐皓等，2016）

（三）池塘养殖的生态工程化设施

1. 池塘生态坡　生态坡是一种对水坡岸带进行的生态工程化措

施，具有防止水土冲蚀、美化、水源涵养等功能。一般采用"活枝扦插""活枝柴笼""灌丛垫"及土壤生物工程技术等，生态护坡可以使坡岸土壤剪切力、紧实度和土壤湿度都明显提高，延缓径流和去除悬浮物，沟渠内水质得到明显改善，总氮和总磷含量显著下降，沟渠坡岸的生境质量和景观效果得到改善，生物多样性明显增加（周香香等，2008）。

池塘生态坡水质调控设施系统可由池底自控取水设备、布水管路、立体植被网、水生植物组成。池底自控取水系统由水泵和 UPVC 给水管组成，通过水泵将池塘中间部位的底层水输入到生态坡布水管道中，水泵一般为潜水泵，动力及扬程大小根据生态坡水力负荷决定，日输水量一般不低于泡塘水体的 10%。由于生态坡较长，布水管路系统一般由 3 种不同直径的给水管组成，输水主管为直径 150 毫米的 UPVC 管，在坡上通过三通与两条直径 75 毫米的 UPVC 管相通，每条直径 75 毫米的 UPVC 管再通过三通与两条直径 50 毫米的 UPVC 布水管相通，布水管的孔径截面积一般为进水管截面积的 1.2～1.4 倍，以便于布水均匀。

绿化砖和立体植被网覆于塘埂上面，塘埂坡比 1∶2.5，植被网上覆 10 厘米左右的覆土，在池塘水深 1.8 米情况下，水淹部分幅度为 0.3～0.5 米。池塘三维植被网生态坡净化调控系统具有潜流湿地和表流湿地双重特点，空隙率为 4%～9%，构建坡度应小于 1∶2.5，水流速度应高于 0.13 米/秒。

生态坡上栽种水生植物，如水芹菜、蕹菜、生菜等，用于截流吸收养殖水体中的营养物质。池塘养殖水体通过生态坡净化后渗流到池塘中，从而达到净化调控养殖水体的作用。

2. 生化渠 基于生化处理的池塘养殖系统由养鱼池塘组成，立体弹性填料生化床放置在池塘排水渠道内，构建生物净化渠道，生化渠道的水经净化处理后通过水泵将水打入陶粒快滤净化床中，经强化处理后流回进水渠道再进入鱼池。

养鱼池塘、生物净化渠道的水平面高度相同，陶粒快滤净化床位于进水渠道之上，养鱼池塘通过插管装置与生物净化渠道连通，生物净化渠道通过水泵连接陶粒快滤净化床，陶粒快滤净化床通过进水渠道与养鱼池塘连通。

（1）立体弹性填料净化沟渠构建技术 立体弹性填料净化床（生物包）由角铁件和填料组成，结构与排水渠一致，生物包放置在排水渠道内，排水渠道为水泥护坡结构，倒梯形结构，上底 3.0 米、下底 2.0 米、高 2.2 米，在生物净化渠道内每隔 3～5 米放置一个立体弹性填料净化床，单个立体弹性填料净化床的长度为 3～5 米，立体弹性填料净化床与渠道截面一致，弹性填料的比表面积为 200 平方米/立方米，立体弹性填料净化床顶面高度低于渠道过水水面 5～10 厘米。生化床高 1.5 米，截面积为 3.75 平方米。

（2）陶粒生化滤床构建技术 陶粒生化滤床的原理与立体弹性填料净化床一致，主要利用生化反应净化养殖水体中的氮、磷等营养盐，陶粒有较大的比表面积和较小的比重，本设计主要是从流化床原理设计制造的池塘养殖水体净化装置，从试验运行效果来看其水体净化效率还是很高的，影响其净化效率的因素除排放水营养盐浓度、温度等因素外还有停留时间、陶粒容重、孔隙率等，需要进一步研究。

陶粒生化滤床为回转式结构，由 PE 桶体、高强度黏土陶粒、导水回流板体、进排水系统组成。PE 桶体为圆形，直径 3 米，高度 1.5 米；高强度黏土陶粒直径 10～20 毫米，比重为 0.95 千克/升，厚度 50 厘米；导水板为 PE 板或 PVC 板，板距 1 米；底部过水处长宽 20～30 厘米范围内均布 10 毫米孔，全部开孔面积大于进水管口面积的 1.5 倍；进出水系统由进水管、排水管组成，进水管为穿孔 PVC 管，插入到黏土陶粒底部，排水管为侧开孔 PVC 管，排水管直径大于进水管直径 1.5 倍，回转式养殖水体高效净化装置的水流停留时间大于 15 分钟。

3. 生物塘 又称为生态塘、稳定塘、氧化塘，是利用天然净化能力对污水进行处理的构筑物的总称，其净化过程与自然水体的自净过程相似。通常是将土地进行适当的人工修整，建成池塘，并设置围堤和防渗层，依靠塘内生长的微生物来处理污水，主要利用菌藻的共同作用处理废水中的有机污染物。综合生物塘是在传统生物塘技术的基础上，运用生态学原理，将各具特点的生态单元，按照一定的比例和方式组合起来的具有污水净化和出水资源化双重功能的新型生物塘技术。生物塘内种植水草、放置螺蛳等，水草种植种类有苦草、伊乐藻、黄丝藻、轮叶黑藻、细金鱼藻等。生物塘是一种成熟的污水净化设施，在池塘养殖中利用生物塘不仅可以净化水质，还可以提高池塘养殖系统的物质利用率，具有良好的生态经济效益。

（1）生物塘的类型与设计　按照生物塘内微生物的类型和供氧方式来划分，生物塘可以分为以下 4 类：好氧塘、兼性塘、厌氧塘和曝气塘。

一是好氧塘：好氧塘是一种菌藻共生的好氧生物塘。深度一般为 0.3～0.5 米。阳光可以直接射透到塘底，塘内有细菌、原生动物和藻类。由藻类的光合作用和风力搅动提供溶解氧，好氧微生物对有机物进行降解。

二是兼性塘：有效深度为 1.0～2.0 米。上层为好氧区，中间层为兼性区，塘底为厌氧区。兼性塘是最普遍采用的生物塘系统。

三是厌氧塘：塘水深度一般在 2 米以上，最深可达 4～5 米。厌氧塘水中溶解氧很少，基本上处于厌氧状态。

四是曝气塘：塘深大于 2 米，采取人工曝气方式供氧，塘内全部处于好氧状态。曝气塘一般分为好氧曝气塘和兼性曝气塘 2 种。

（2）养殖池塘与生物塘的关系　总氮为指数，采取污染物排放与处理平衡的方法计算养殖池塘与生物塘的配置比例关系：$M = V \times \Delta n$；其中，M 为养殖污染排放的总氮总量；V 为养殖排放水量；Δn 为排放水中的总氮去除浓度（毫克/升）。

4. 生物浮床　人工浮床（ecological floating bed），又称人工浮岛、生态浮床（生态浮岛）。近年来，人工浮床技术在我国快速发展，在污水处理、生态修复、河道治理、环境美化等方面有广泛的应用，发挥了一定的作用。人工浮床类型多种多样，按其功能主要分为消浪型、水质净化型和栖息地型 3 类，又分为干式浮床和湿式浮床。浮床的外观形状一般为正方形、三角形、长方形、圆形等。生物浮床一般由浮岛框架、植物浮床、水下固定装置以及水生植被组成。框架可采用自然材料如竹、木条等，浮体一般是由高分子轻质材料制成，植物一般选择适宜的水生植物或湿生植物。应用于池塘养殖的浮床主要有普通生物浮床、生物网箱、复合生物浮床等。

一是普通生物浮床。一般采用直径 50～150 毫米的 UPVC 管和 1厘米聚乙烯网片制作。为了维持浮床良好的结构和稳固性，一般采用较粗的 UPVC 管（＞100 毫米）作为框架的浮床其固定横断可以少一些，若采用较细的 UPVC 管（＜100 毫米）作为框架的需要较多的横断。横断的多少与 UPVC 管的材质和厚度有关。浮床覆网一般采用聚乙烯网片，根据拟种植水生植物的株径大小决定网目的大小，网目太大不利于植物固定，网目太小会增加浮床的重量。

二是生物网箱浮床。生物网箱浮床为浮床和网箱的结合体，上部为 50～100 毫米的 UPVC 管和 1 厘米聚乙烯网片组成的浮床，下部为聚乙烯网片组成的网箱。浮床上部种植蕹菜、水芹、鸢尾等水生植物，下部网箱内养殖河蚌、螺蛳、杂食性鱼类等。网箱浮力主要由UPVC 管负担，水生植物最大生物量 20～50 千克/平方米，网箱内鱼、贝类等的生物为 1～3 千克/立方米。

三是复合生物浮床。复合生物浮床除具有普通生物浮床的功能外还有生物包和水循环功能。复合生物浮床一般由支架、提水装置和分水部件组成。支架由 L 形不锈钢拼接而成；提水装置采用漩涡气泵作为动力源，通过提水管将水提升；分水部件由 8 个分水管组成；将提升管提升的水体均匀分布到复合生物浮床的各个部分，其中分水管出水口采用堰形槽，有利于均匀分水。

复合生物浮床的生物填料有 3 层：上层为沉性填料层，中层为发泡颗粒层，下层为 PE 生物填料层。沉性填料层选用直径 10～20 毫米的填料，作为植物生长基料。发泡颗粒层选用直径 5 毫米的填料，为复合生物浮床提供浮力。下层采用直径 8～10 毫米的 PE 生物填料，为微生物提供生化反应的基质。

5. 生态沟渠　生态沟渠是利用池塘养殖排水沟渠构建的生态净化系统，由多种动植物组成，具有水体生态净化和美化环境等功能。目前生态沟的建设方法很多，概括起来主要有分段法、设施布置法、底型塑造法等。分段法是将生态沟渠隔离成数段，每段种植不同的水生植物或放置杂食性鱼类、贝类等；设施布置法主要是布置生物浮床、生化框架和湿地等；地形塑造法主要在面积较大的排水渠道中，通过塑造底型，以利于不同植物生长和水流等。生态沟渠可分成不同的功能区，如复合生态区、着生藻区和漂浮植物种植区等。

一是复合生态区。主要是在沟渠两侧种植挺水性植物，为了给水生植物提供充足的光照环境，土坡沟渠要有一定的坡度，一般坡比不低于 1：1.5，生态沟渠的水力停留时间一般为 2.0～3.0 个小时。

二是着生藻区。有 2 种设计形式：着生丝状藻框架固着净化区，渠道深 1.5 米（自然深度），设置网状、桩式等丝状藻试验接种栽培着生基，通过着生藻类对水体进行处理；卵石着生藻固着试验区，设计深度为水面下 50～70 厘米。

三是漂浮植物种植区。在水中放置生物网箱，网箱内放置贝类等滤食性动物，网箱顶部栽种多种浮水植物，从而对水体进行综合处理。

四是生态渠道的主要植物有伊乐藻、黑藻、马来眼子菜、苦草、菹草、狐尾藻、萍蓬草、睡莲、芡实、水鳖、芦苇、慈姑、鸢尾、美人蕉、香蒲和香根草等。

6. 人工湿地 随着对湿地去污机理研究的深入及水体生态修复的发展，近年来，人工湿地在富营养化水体处理和水源保护上表现出巨大潜力，成为受损景观水体的重要生态修复方法。目前，按照水流形态，人工湿地分为表面流和潜流湿地 2 种，潜流湿地根据流向不同分为水平潜流湿地和垂直潜流湿地（上行流、下行流及复合垂直流）。总体来看，表面流湿地复氧能力强、床体不易堵塞，曾在湿地工艺发展早期被广泛使用，但污染物去除率较低、卫生条件差、易滋生蚊蝇等，限制其大规模推广应用。与表面流湿地相比，潜流湿地内部填料、污染物质和溶解氧直接接触，污染物去除效率较高且污水在填料内部流动可避免蚊蝇滋生，卫生条件相对较好，因此，潜流湿地成为当今人工湿地工艺研究和应用的主流。人工湿地技术应用于池塘养殖水处理是近年来兴起的一项技术，具有生态化效果好、运行管理简单等特点。

一是表面流湿地。表面流型人工湿地（free water surface constructed wetlands），是一种污水在人工湿地介质层表面流动，依靠表层介质、植物根茎的拦截及其上的生物膜降解作用，使水净化的人工湿地。表面流湿地具有投资少、操简单、运行费用低等优点，但也有占地面积大，水力负荷小，净化能力有限，且湿地中的氧气来源于水面扩散与植物根系传输，系统运行受气候影响大，夏季易滋生蚊子、苍蝇等缺点。

利用池塘改造而成，面积 2 500 平方米（宽 40 米、长 62.5 米）。沿长度方向分别为 30 米的植物种植区和 22 米的深水区。植物种植区水深 0.5 米，种植茭白、莲藕等水生植物。深水区水深 2 米，放置生物网箱，网箱内放置滤食性鱼类和贝类等，生物塘水体内放养鲢鳙等滤食性鱼类和鲫鱼等杂食性鱼类，放养密度 0.05 千克/平方米生物塘四周为 3 米宽的挺水植物种植区，水深 0.5 米，种植水葱、菖蒲、芦苇。

二是潜流湿地。用于水产养殖排放水处理的潜流湿地一般按照以下参数进行设计建设。

潜流湿地容积：$V=Q_{avt}/\varepsilon$；

式中，Q_{avt} 为平均流量（立方米/天）；V 为湿地容积（立方米）；ε 为湿地孔隙率。根据水产养殖排放水情况，一般 ε 为 0.50（平均直径 50 毫米砾石）。

潜流湿地基质一般厚度为 70 厘米，底部铺设 0.5 毫米的 HDPE 塑胶布做防渗处理。潜流湿地进、出水区为宽度 2.5 米的直径 50～80 毫米碎石过滤区，水处理区长 25 米，基质分为 3 层：底层为 30 厘米厚度的直径 50～80 毫米碎石层，中间为厚度 30 厘米的直径 20～50 毫米碎石层，上层为厚度 10 厘米的直径 10～20 毫米碎石。

湿地植物一般用美人蕉、鸢尾、菖蒲等根系发达、生物量大、多年生的水生植物。

三、案例介绍

(一)系统设计

生态工程化池塘循环水养殖系统由生态沟渠、生态塘、潜流湿地等工程化设施和养殖池塘组成。养殖池塘通过过水设施串联沟通,末端池塘排放水通过水位控制管溢流到生态沟渠,在生态沟渠初步净化处理后通过水泵将水提升到生态塘,在生态塘内进一步沉淀与净化后自流到潜流湿地,潜流湿地出水经过复氧池后自流到首端养殖池塘,形成循环水养殖系统。

池塘养殖品种主要是草鱼和团头鲂,另外还搭配养殖鲢、鳙、鲫等,养殖周期内的载鱼负荷量为 0.20～0.82 千克/立方米;湿地植物主要有蕹菜、水花生、茭白、鸢尾、美人蕉和芦苇等。表 4-1 是一种生态工程化池塘循环水养殖系统设计参数。

表 4-1　一种生态工程化池塘循环水养殖系统设计参数

内容	参数
生态工程化系统	生态沟渠、生态塘、潜流湿地、养殖池塘
潜流湿地面积(平方米)	1 500
生态塘面积(立方米)	2 500
生态沟渠面积(平方米)	500
池塘面积(平方米)	15 000
水交换量(立方米/天)	1 500
池塘水交换率(%)	10
池塘载鱼密度(千克/立方米)	0.20～0.82
补充水量(%)	>10
长宽比	(1～3):1

(二)节水减排效果分析

在中国的江浙等池塘养殖主产区,传统池塘养殖一般每年换水3～5次,而生态工程化循环水养殖系统每年的最大排放量不超过两次，且排放水为生态塘净化水（任照阳等，2007）。池塘养殖用水主要用于换水、蒸发补水和捕鱼排水。据气象资料，江浙地区的年平均降水量 1 078.1 毫米，年平均蒸发量 1 346.3 毫米，由此推算，该地区池塘养殖的蒸发补充水量约为 268.2 毫米/年，约为总水体的 13.4%。

生态工程化池塘养殖系统中的耗水主要是补充蒸发和捕鱼排水，其补充水量与传统池塘一致，其排水主要是清塘排水，一般 1 年 1 次。表 4-2 是生态工程化循环水养殖模式与传统养殖模式的用水与排放情况比较。

表 4-2 与传统养殖方式的节水减排效果比较

内容	补充水		总氮排放	磷排放	化学需氧量排放
	蒸发补充	排水量			
传统池塘养殖	0.18 克/立方米	4.0～6.7 克/立方米	16.8～28.1 克/千克	6.4～10.8 克/立方米	49.2～82.4 克/立方米
生态工程化养殖	0.18 克/立方米	1.3～2.6 克/立方米	1.7～3.5 克/千克	0.4～0.7 克/立方米	7.9～15.9 克/立方米
平均减少率		63.6%	88.4%	93.6%	81.9%

（三）应用前景分析

生态工程化池塘循环水养殖系统模式具有"生态、安全、高效"的特点，是改变传统养殖方式、提高养殖效果的有效途径。生态沟渠、生态塘、潜流湿地和养殖池塘的组成比例，应根据养殖品种、密度等特点要求决定，生态工程化设施的面积一般不超过池塘面积的 20%。池塘水流串联结构有利于实现不同池塘的上下水层交换，减少动力，达到流水养殖效果。

应用表明，在 14 000 平方米的养殖水面中，配合 4 200 平方米的人工湿地，每天循环 2～3 小时，能够保证鱼塘水体总氮含量不超过 1.5 毫克/升，总磷不超过 0.5 毫克/升，COD 不超过 10 毫克/升。数据分析表明，生态沟的氮、磷去除率为 64.4% 和 39.0%；潜流湿地的氮、磷去除率为 63.5% 和 8.0%。人工湿地显著降低了养殖系统有害藻类的比重，而生态沟渠中使对养殖有利的硅藻数量在藻类总数中所占比例增加，说明人工湿地和生态沟渠的应用有利于优化养殖水体中藻类的种群结构，改善水质状况。表 4-3 是池塘生态工程化循环水养殖系统的设计参数。

表 4-3 池塘生态工程化循环水养殖系统设计参数

内　　容	参　　数
生态工程化系统	生态沟渠、生态塘、潜流湿地、养殖池塘
潜流湿地	$V=Q_{ant}/\varepsilon[\varepsilon$ 为 0.5（平均直径 50 毫米砾石）；潜流湿地深度为 0.6～0.8 米]
生态坡	$ALR=$[进水流速（立方米/天）×污染物浓度（毫克/升）]/基质空隙体积（立方米）（水流速度约为 25 厘米/小时）
生态塘	$A=QS_0t/NA[S_0=40$ 毫升/升，NA 为 40 克/（平方米·天），$t=1.5$ 天]
生化床	净化效率 $n=S_0-S_e/S_0$；滤料体积 $V=(S_0/Nv)Q\times10^3$
池塘水交换率	10%～20%
池塘载鱼密度	0.20～0.82 千克/立方米
	池塘：潜流湿地：生态塘：生态坡 [100：（5～10）：（10～15）：（7～12）]

第二节　工厂化循环水养殖

工厂化循环水养殖是采用类似工厂车间的生产方式，组织和安排水产品养殖生产的一种经营方式，反映了养殖生产方式向工厂化转变的过程。一般而言，工厂即是指在车间内养殖水产经济动物的一种集约化养殖方式。对养殖水环境的调控是工厂化养殖发展的核心内容，水循环利用是养殖过程实现全人工控制、高效生产的基本前提。该生产方式是在水体循环利用的基础上，循环水养殖系统高效利用厂房等基础设施，以及配套的设施、设备，为养殖对象创造合适的生长环境，为生产操作提供高效的装备和管理手段，综合运用工厂化生产方式进行科学管理和规模化生产，从而摆脱气候、水域、地域等自然资源条件的限制，实现高效率、高产值、高效益的工厂化生产。

一、发展现状

从室外移入室内，对水体进行简单调控的工厂化养殖是工厂化的初级模式。我国目前的海水鲆鲽类工厂化养殖、鳗工厂化养殖以及水产苗种工厂化繁育，基本上都是以"室内鱼池＋大量换水"为特点的工厂化初级模式，工厂化循环水设施系统并不是生产的主体。20 世纪 70 年代，在我国水产养殖快速发展的前夕，国外循环水养殖的信息已经流入国内，北京水产研究所、上海水产研究所和渔业机械仪器研究所等科研单位先行开始跟踪研究。20 世纪 80 年代，国外的循环水养殖设施和技术乘着改革开放的大潮开始进入中国。据统计，当时各地花巨资共引进西德和丹麦数十套循环水养殖设施，西德的设施比较适合于罗非鱼养殖，丹麦的设备比较适合于鳗鱼养殖。如当时北京小汤山就引入了德国的全套技术和装备，但由于高昂的投入和运行成本，上述设施很快便被束之高阁。1988 年，渔业机械仪器研究所吸收西德技术，设计了国内第一个生产性循环水养殖车间——中原油田年产 600 吨养鱼车间，取得了一定的效果，该技术很快在国内相关区域推广应用。但之后几年，随着池塘养殖方式的迅速发展，北方地区冬季的吃鱼问题得到了很大的改善，而随着企业改革的深化，能源费用也逐步摊入成本，循环水养殖的经济效益受到了严重的挑战，加上技术的相对不成熟，循环水养殖的发展陷入了低谷（唐启升，2017）。

从 20 世纪 90 年代起，随着国家经济的快速发展，全国各地兴建了很多现代农业示范区，同时也建立了一批淡水循环水养殖系统。由于淡水养殖高价值品种较少，循环水养殖的经济性难以体现，与池塘养殖相比，在节水、节地、减排等方面的优势难以体现价值优势，示范项目的建设并未迅速带动技术的全面应用。但在一些特定的领域，如水产苗种繁育、观赏水族饲养等，循环水养殖技术依然得到了显著的发展。在将循环水养殖技术应用于水产苗种繁育领域之后，实现了繁育过程的全人工调控，相关矛盾迎刃而解，设施系统在反季节生产、质量保障和成活率可控等方面的优势得到了充分的发挥，应用规模不断增大，技术水平也不断提高。同时以大菱鲆工厂化养殖为代表的海水工厂化养殖在北方地区也得到了大力推广，对名贵水产品的生产起到了很大的推动作用。海水工厂化养殖从"设施大棚＋地下井水"起步，系统水平在逐步提高循环水的养殖系统开始探索性建立。发展至今，我国目前大多数的海水工厂化养鱼系统设施设备依然处于较低水平，除了一般的提水动力设备、充气泵、沉淀池、重力式无阀过滤池、调温池、养鱼车间和开放式流水管阀等，前无严密的水处理设施，后无水处理设备，养殖废水直接排放入海，是一种普通流水养鱼或温流水养鱼的过渡形式，属于工厂化养鱼的初级阶段（唐启升，2017）。

近年来，随着民营经济的发展，投入到工厂化养殖中的人力、物力、资金、技术呈增长趋势，各地对工厂化养殖前景普遍看好，国家对发展工厂化养殖给予相关支持和一定的政策保障，发展力度总体趋强。随着渔业科技的发展和对国外优良养殖品种引进力度的加大，用于工厂化养殖的种类不断增加。在科技的支撑下，工厂化养殖不再局限于少数名贵品种，普通淡水鱼也开始进入工厂车间进行养殖。在养殖技术方面，不但单项技术，如水处理技术、零污染技术等重点技术日趋完善，成套养殖管理技术也日趋成熟，为工厂化养殖产业化发展提供了重要的技术支撑，对生产效益的提升作用明显。如上海海洋大学的工厂化养殖技术，每立方米水体的鱼产量可达 58 千克，是传统池塘养殖法鱼产量的 30～50 倍；产值 2 000～3 000 元，比传统养殖法高出近百倍。一个标准车间约 1 200 立方米水体，年产澳洲宝石鱼120 吨，产值 480 万元，毛利高达 120 万元以上。

为探索新的养殖模式以及水的重复利用和污染的零排放，国家通过不同的科技平台对工厂化养殖的关键技术进行科技攻关，如"海水封闭循环水养殖系统重要元素及能量收支的研究""对虾高效健康养殖工程与关键技术研究""淡水鱼工厂化养殖关键设备集成与高效养殖技术开发"等，近年来，渔业科技工作者针对海水工厂化养殖废水处理，对常规的物理、化学和生物处理技术分别进行了应用研究，取得了许多实用性成果（倪琦等，2007；Roselien 等，2007）。国家倡导的健康养殖、无公害工厂化水产养殖还带动了发达国家先进技术和设备进入中国，如臭氧杀菌消毒设备、砂滤器、蛋白质分离器、活性炭吸附器、增氧锥、生物滤器等先进设备，对工厂化循环用水养殖生产设备（设施）的更新和改造、养殖水循环使用率的提高和养殖经济效益的提高起到了重要作用。

二、技术特点

我国工厂化循环水养殖技术的应用，目前总体上还处于标志现代农业发展水平的示范阶段，在一些特殊的养殖领域如海洋馆、苗种繁育、水族观赏等，已具备一定的应用规模。与国际先进水平相比，我国在淡水工厂化循环水养殖设施技术领域已具有较好的应用水平，其中，在系统的循环水率、生物净化稳定性、系统辅助水体的比率等关键性能方面基本上达到了国际水平；而在海水循环水养殖设施技术领域，主要在生物净化系统的构建、净化效率和稳定性等方面还存在着较大差距。

我国工厂化养殖水体利用总体上仍以流水养殖、半封闭循环水养殖为主，全国范围循环水养殖发展力不足的特征仍较明显。工厂化循环水养殖的核心技术是通过水处理系统与循环系统来实现水体循环利用，并提高水中的溶氧量，进而提高鱼的活动力、摄食率和健康程度。其水处理技术对选择养殖方式极为重要。全封闭循环水养殖方式中，养殖用水经沉淀、过滤、去除水溶性有害物、消毒后，根据不同养殖对象不同生长阶段的生理要求，进行调温、增氧和补充适量的新鲜水，再重新输送到养殖池中，反复循环利用。据相关资料报道，我国工厂化养殖目前受水处理成本的压力，仍主要以流水养殖、半封闭循环水养殖为主，真正意义上的全工厂化循环水养殖工厂比例极少。我国工厂化循环水养殖的发展目标为：优化水净化工艺，提高设备的运行效率，构建工厂化循环水养殖系统。结合生态净化设施，构建生态复合型工厂化循环水养殖系统是工厂化养殖设施系统改造和提升的主要方向。通过工厂化设施系统的改造，可以使海水鲆鲽工厂化养殖、鳗工厂化养殖和苗种繁育工厂化养殖等实现养殖水质保障、养殖水体循环利用的健康养殖，养殖系统的集约化程度得以提高，污染物排放得以控制。图 4 - 2 为循环水系统水处理流程。

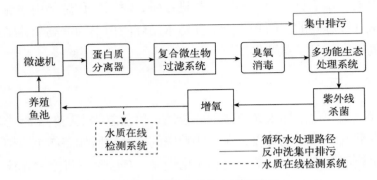

图 4 - 2　循环水系统水处理流程

三、案例介绍

技术名称：淡水工厂化循环水健康养殖技术（中华人民共和国农业农村部，2019）。

技术依托单位：中国水产科学研究院渔业机械仪器研究所，中国水产科学研究院黑龙江水产研究所。

（一）技术概述

淡水工厂化循环水养殖设施技术领域已具有一定的应用水平，在系统的循环水率、系统辅助水体的比率等关键性能方面基本接近国际水平，但是在生物净化系统的构建、净化效率和稳定性、系统集成度、系统稳定性等方面还存在着的差距。目前已经在广东、新疆、重庆、湖北、上海等地建立了多个工厂化循环水养殖示范基地，示范面积达到 6 000 多平方米，并将研究得到的成果成功应用于循环水养殖系统的构建中，取得了良好的收益。

（二）增产增收情况

1. 经济效益　每套水处理系统服务 300 立方米养殖水体，年产达 100 千克/立方米以上，可年产 30 吨优质商品鱼，产值达 180 万元，毛利润达 40 万元，100 套系统则可年产商品鱼 3 000 吨，年产值 18 000 万元，年利润 4 000 万元，经济效益十分可观。

2. 社会及生态效益　本技术可使产出 1 千克鱼的能耗降低 20%以上，每千克鱼的耗电小于 2.5 度，大幅度降低循环水工厂化养殖系统的运行管理成本，可达到广泛推广的应用水平。同时，相同规模的工厂化循环水养殖设施系统与池塘养殖系统相比可减少 10%～20%的土地以及 8～10 倍的养殖用水，并不再对水域生态环境造成影响，可以实现较高的生态效益。

（三）技术要点

1. 转鼓式微滤机　传统的转鼓式微滤机存在筛网网目大小选择不合理的问题，颗粒物在接触细筛时，会长时间翻滚摩擦造成破碎，产生难以去除的微小颗粒。同时存在传动效率低，反冲洗效果欠佳等问题。研发人员根据养殖水的特点，在对循环水养殖水体中颗粒物粒径分布规律研究的基础上，对滤网网目与去除效率、反冲洗频率、耗水耗电等关系进行了试验研究。

研究表明，200 目滤网处于目数与去除率、电耗关系曲线的拐点，是技术经济综合效果的最佳点。在结构优化方面，转鼓采用低阻力的中轴支撑结构，配置二级摆线针轮减速驱动。研究开发出能根据筛网阻塞程度智能判断的反冲去污装置。形成了 WL 型智能型转鼓式微滤机的系列产品。通过结构升级优化，显著提高了微滤机的节水性能，对 60 微米以上悬浮颗粒物的去除效率达 80%以上，每处理 100 吨水耗电小于 0.3 千瓦时。设备不仅提高了水处理能力，而且降低了运行能耗，与现有设备相比，去除率提高 20%，耗电节省 45%以上。生产应用中，设备运行稳定、可靠。该设备已达国内先进技术水平，并实现了出口。

2. 生物净化设备

（1）导流式移动床生物滤器　移动床生物滤器是 20 世纪 80 年代后期，由挪威的 M. Kaldnes 和 SINTEF 研究机构合作开发的技术。该技术采用生物膜接触法，通过滤料表面附着生长的硝化细菌和亚硝化细菌群来降解水体中的氨氮、亚氮等有害有毒物质，净化水质。由于使用的浮性颗粒滤料，在剧烈鼓风曝气作用下，能够与水呈完全混合状态，微生物生长的环境为气、液、固三相。养殖回水与载体上的生物膜广泛而频繁地接触，在提高系统传质效率的同时，加快生物膜微生物的更新，保持和提高生物膜的活性。与活性污泥法和固定填料生物膜法相比，移动床生物过滤器既具有活性污泥法的高效性和运转灵活性，又具有传统生物膜法耐冲击负荷、泥龄长、剩余污泥少的特点。

根据移动床生物滤器结构及工作特点，并结合近年来的相关研究成果，对其进行结构优化和流态分析，使其充分满足循环水养殖的水处理使用要求。在结构优化方面，由于传统移动床生物滤器存在滤料运动不均匀、易出现较大运动死角等弊端，研发人员在其腔体内引入了导流板，将反应器分隔成 2 个区：提升区和回落区，在提升区底部安装有曝气装置，从而引导滤器中水体更好的循环流动，以提升过滤效率。该新型导流式移动床生物滤器的具体尺寸为：长度为 1 米，高度为 1.4 米，宽度为 0.5 米，有效水深为 1.2 米，升流区与降流区面积比为 3：4，导流板底隙高度为 0.25 米，导流板上方液面高度为 0.35 米，反应器四角倒成斜面以方便水体循环。

在结构确定以后，进一步对导流式移动床生物滤器的内部水流流态进行分析，采取的方式是利用计算流体力学软件 FLUENT 对其进行二维流态模拟，结合滤料挂膜最佳水流速度的相关知识，将模拟曝气速度优化为 0.6 米/秒，此时反应器中最高有效流速为 0.3 米/秒，最低有效流速为 0.06 米/秒，涡流区域的面积约占 10%，可最大化的保证反应器的生物处理效率。滤料选择带外脊的空心柱状 PE 材质生物滤料，比重为 0.95。结果显示：在填充率为 40%、进水氨氮浓度为 2 毫克/升、水力停留时间为 15 分钟、曝气速度为 0.6 米/秒的初始条件下，反应器运行 30 天后其滤料内表面的实际平均挂膜厚度为 80 微米，氨氮去除率达到了 25%，水质净化效果良好，完全达到推广使用要求。

（2）沸腾式移动床生物滤器　沸腾式移动床生物滤器根据移动床生物过滤技术基本原理设计研发的另一种新型生物滤器。区别于导流式移动床生物滤器，采用矩形反应器单侧曝气的结构形式，创新地采用了圆形反应器。

内部设计成为 2 个反应区，分别为沸腾区和降流区。沸腾区底部设置环形布气槽，在剧烈曝气条件下滤料上升移动，到达降流区后由于在水流的带动下逐步下沉到反应器底部，形成一种相对稳定的运动状态。此次选用的滤料为 PE 材质的空心柱状滤料，比重为 0.95，比表面积 500 平方米/立方米，滤料填充率 40%～50%。研究结果表明，在气水比（气体流量和水流量的比值）1∶2 条件下，沸腾式移动床生物滤器的氨氮处理效率能够达到 30% 以上。

3. 低压溶氧量技术及其设备 低压纯氧混合装置主要是根据气液传质的双模理论，通过连续、多次吸收来提高氧气的吸收效率。该装置的工作流程为：水流经过孔板布水并形成一定厚度的布水层，以滴流形式进入吸收腔。吸收腔被分割成了数个相互串联的小腔体，提供了用以进行气液混合的接触空间。整个装置半埋于水下，使吸收腔密闭，水流从各个吸收腔底部流出。气路方面，纯氧从侧面注入，并从最后一个吸收腔通过尾气管排出吸收腔。

在基于上述理论研究的基础上，进行设备试制及性能研究。试验用的低压纯氧混合装置使用了 7 个小腔体作为吸收腔，装置尺寸为 0.20 米×0.35 米×1.00 米，截面积 0.07 平方米，布水板开孔率 10%。试验采用单因子试验方法分别研究气液体积比、布水孔径、吸收腔高度等对溶解氧增量、氧吸收效率、装置动力效率的影响。结果显示，在水温 26～27 ℃、单位处理水流量 18 立方米/小时、吸收腔高度 38 厘米条件下，当气液体积比从 0.006 7∶1 上升到 0.013 3∶1 后，平均氧吸收率从 72.62% 下降到了 57.27%，而平均出水溶解氧增量从 6.57 毫克/升上升到 10.37 毫克/升。低压纯氧混合装置的理想工作点在气液比 0.01∶1.00。此时，出水溶解氧相对于源水增加 10 毫克/升左右，氧吸收效率大约为 70%，在吸收腔高度 40 厘米，出水溶解氧增量达到 10.9 毫克/升，低压纯氧混合装置的动力效率就能达到 6.63 千克/千瓦时。由此可见，该装置在节能效果上的表现是比较突出的，可以满足循环水繁育系统节能、节本和减低维护强度的要求。

4. XW 系列漩涡分离器 XW 系列漩涡分离器是一种分离非均相

液体混合物的设备，主要由六大部分组成，分别为筒体、溢流堰、进水管、出水管、排污管和支架等。该设备采用水力旋流分离技术，在离心力的作用下根据两相或多相之间的密度差来实现两相或多相分离的。

由于离心力场的强度较重力场大得多，因此漩涡分离器比重力分离设备（沉淀池）的分离效率要高得多。其工作原理为：养殖废水沿切向进入分离器时，在圆柱腔内产生高速旋转流场，混合物中密度大的组分（固体颗粒）在旋转流场的作用下沿轴向向下运动，形成外旋流流场，在到达锥体段后沿器壁向下运动，最终沉淀在锥体底部（定期排污），密度小的组分（水）沿中心轴向运动，并在轴线方向形成一向上运动的内旋流，越过溢流堰从出口流向下一水处理环节，从而实现固液分离集污排污的功能。在养殖过程中，一般多与鱼池双排水系统相结合配套使用，作为底部污水的初级过滤处理设备。具有以下工作特点：占地面积少、结构紧凑，处理能力强；易安装、质量轻、操作管理方便；连续运行、不需动力，固体颗粒物去除率最高可达50％以上；效果好、投资少、不易堵塞等优点。

5. CO_2 脱气塔　在高密度循环水养殖系统中，CO_2 浓度很高，需采用装置及时将其从系统中去除。CO_2 去除试验装置为一直立式圆筒，主要由筒体、出水口、进气口、液体分布器、填料支撑板和填料等组成。液体分布器的开孔率为 15.6％，填料高度为 1 米，填料种类选择为直径 25 毫米鲍尔环，由聚丙烯塑料制成。内有填料乱堆或整砌在靠近塔底部的支撑板上，气体从塔底部被风机送入，液体在塔顶经过分布器被淋洒到填料层表面上，在填料表面分散成薄膜，经填料间的缝隙流下，亦可能成液滴落下，填料层的表面就成为气、液两相接触的传质面。CO_2 在水中的溶解度符合亨利定律，即在一定的温度下，气体在水中的溶解度与液面上该气体的分压呈正比，因此，只要水面上气体中 CO_2 的分压很小，水中的 CO_2 就会从水中逸出，这一过程称为解吸。空气中 CO_2 的含量很少，其分压约为大气压的0.03％。常用空气作为 CO_2 去除装置的介质，其经鼓风机被送入CO_2 去除装置的底部，在填料表面与水充分接触后，连同逸出的 CO_2

一起从塔顶排出，含有 CO_2 的水从塔体上部进入经液体分布器淋下，在填料表面与空气充分接触逸出 CO_2 后，从下部的出水口流出，从而实现 CO_2 的去除。

根据气体交换原理，设计了养殖水体的 CO_2 去除装置，采用试验设计（DOE）的方法，对 CO_2 去除效果进行研究。正交试验结果表明：G/L 对 CO_2 去除率的影响最显著，水力负荷、进水 CO_2 浓度及因子间的交互作用对 CO_2 去除率影响不显著。因此，在 CO_2 去除装置的实际运行过程中，应通过调节 G/L 来提高 CO_2 去除率。G/L 变化对 CO_2 去除率影响的试验结果表明：当 $G/L=1\sim5$ 时，随着 G/L 的增加，CO_2 去除率增加较快；当 $G/L>8$ 时，随着 G/L 的增加，去除率增加平缓。综合考虑系统节能和 CO_2 的去除效果，本装置在 $G/L=5\sim8$ 时运行最佳，去除率为 $80\%\sim92\%$。

6. 多参数水质在线自动监控系统　水质自动监测系统通过相关模块的功能，实时将水质参数如氨氮浓度、溶氧量、pH 等显示出来，便于工作人员及时了解水质情况，实现监测、调控一体化，提高设备的自动化程度，减轻工人劳动强度。

系统采用手动和自动两种控制方式进行调控，上位机采用 mcgsTpc 嵌入式一体化触摸屏，作为本监控系统的人机交互界面，实现监控工程显示，通讯连接，参数设置，实时曲线显示和历史数据的保存、查询和导出、数据采集与处理等功能。下位机选用 PLC，用于控制 CO_2 去除装置和计量泵的启停，上位机与下位机采用 PPI（point to point）通信协议，CO_2 去除装置和计量泵的启停可通过在上位机监控工程窗口中触发。pH 传感器实时自动监测养殖水体中的 pH，因 pH 是模拟量，故采用 A/D 转换模块进行转换，然后通过 PPI 接口将数据送给上位机，并在上位机内显示、保存数据，由控制算法计算出控制结果，再通过 PPI 接口将数据送给 D/A 转换模块，驱动执行机构动作，自动加碱调节 pH，使其与期望值一致。pH 控制算法采用的是增量式 PID 控制算法，通过在上位机中编写脚本程序实现，执行机构采用能够无极调节流量的计量泵。

本监控系统还具有 pH 上下限报警功能，由于设备具有长期连续运行的特殊性，在无人值班看管设备期间，若设备发生故障，可以第一时间内通过短信报警方式通知相关的责任人，从而避免不必要的损失。在上位机监控工程窗口内，可以自由设定 pH 上下限报警值，报警手机号码以及超时时间。

在农业农村部渔业装备与工程重点开放实验室淡水高密度循环水养殖系统对循环水养殖水体 pH 实时监控系统进行现场调试和试运行。调试结果表明：CO_2 去除装置的应用能够有效去除养殖水体中的 CO_2 气体积累，使养殖池的 CO_2 保持在较低水平，此时的 CO_2 浓度对 pH 的影响极小，可忽略不计。试运行结果表明，该监控系统运行稳定可靠，控制效果显著，人机界面良好，操作简单灵活，实用性强，有效实现了 pH 的恒定控制，满足了循环水养殖对 pH 的要求，具有较高的推广价值和实用价值。

通过物理、生物等手段和设备把养殖水体中的有害固体物、悬浮物、可溶性物质和气体从水体中排出或转化为无害物质，并补充溶氧，使水质满足鱼类正常生长需要，并实现高密度养殖条件下水体的循环利用的一个适用性强、通用性好、节能高效的高密度工厂化循环水养殖系统。

（四）适宜区域

工厂化循环水养殖是一种现代工业化生产方式，基本上不受自然条件的限制，可以根据需要在任何地点建立海水或淡水的养殖生产系统，达到生产过程程序化、机械化的要求。一般来说，此技术更适宜在水资源匮乏，气候条件恶劣的情况进行推广，因为该条件下传统养殖模式无法进行正常运转，构建循环水养殖系统进行生产必将带来巨大的经济效益，体现了该技术的优越性。

（五）注意事项

该技术汇集了水产养殖学、微生物学、环境科学、信息与计算机学等学科知识于一体，科技含量较高，企业需配备掌握该技术的养殖人员，以便能科学、高效地管理循环水养殖系统。需注意以下几点。

一是确保电力充足。一旦突然停电，需进行及时处理。

二是定期查看设备运行情况。如水泵是否正常运转，管路是有漏水地方，发现问题及时处理。

三是确保 pH 稳定。生物滤器硝化反应及鱼类的呼吸作用会导致养殖水体中的 pH 持续下降，从而影响生物滤器的性能及鱼类的生长，因此，需确保 pH 的稳定。

四是定期检测水质。养殖水质的好坏直接影响鱼类的生长，需定期检测养殖水体的水质，发现问题及时调整。

五是定期排污。在高密度封闭养殖过程中，投饵量较大，养殖对象排泄物较多，需及时排出系统。

第三节 多营养层次综合养殖

综合水产养殖在中国有悠久的历史，明末清初兴起的"桑基鱼塘"是一种早期有效的综合养殖方式。现代中国水产养殖业的发展极大地推动了综合养殖方式的新探索，特别是始于 20 世纪 90 年代中期海水养殖系统的养殖容量的研究，使多种形式的多元养殖普遍应用于生产实践。不同养殖种类及方式的养殖容量研究表明，若要实现海水养殖可持续发展的目标，获得"高效、优质、安全"的食物产出，需要在养殖容量允许的前提下从养殖密度、海流、附着生物、养殖品种结构、养殖布局规划及最佳养殖水平等多个方面优化养殖模式（唐启升，2017）。

多营养层次综合养殖（integrated multi - tropic aquaculture，IMTA）的理论基础在于：由不同营养级生物组成的综合养殖系统中，投饵性养殖单元（如鱼、虾类）产生的残饵、粪便、营养盐等有机或无机物质成为其他类型养殖单元（如滤食性贝类、大型藻类、腐食性生物）的食物或营养物质来源，将系统内多余的物质转化到养殖生物体内，达到系统内物质的有效循环利用，在减轻养殖对环境的压力的同时，提高养殖品种的多样性和经济效益，促进养殖产业的可持续发展。作为一种健康可持续发展的海水养殖理念，多营养层次综合养殖模式的研究目前已经在世界多个国家（中国、加拿大、智利、南非、挪威、美国、新西兰等）广泛开展（FAO，2009）。

一、桑沟湾典型多营养层次综合养殖模式

桑沟湾位于山东半岛东部沿海（37°01′～37°09 N，122°24～122°35E），为半封闭海湾，北、西、南三面为陆地环抱，湾口朝东，口门北起青鱼嘴，南至楮岛，口门宽 1.5 千米，呈 C 状。海湾面积 144 平方千米，海岸线长 90 千米，湾内平均水深 7～8 米，最大水深 15 米，滩涂面积约 20 平方千米（国家海洋局第一海洋研究所，1988）。

桑沟湾湾内水域广阔，水流畅通，水质肥沃，自然资源丰富，是荣成市最大的海水增养殖区。该湾水域面积已被全部开发利用，并将养殖水域延伸到湾口以外，形成了筏式养殖、网箱养殖、底播增殖、区域放流、潮间带围海建塘养殖、滩涂养殖等多种养殖模式并举的新格局，增养殖品种有海带、裙带菜、羊栖菜、魁蚶、虾夷扇贝、栉孔扇贝、海湾扇贝、贻贝、牡蛎、毛蚶、泥蚶、杂色蛤、对虾、梭子蟹、刺参、牙鲆、石鲽、星鲽、大菱鲆、鲈、黑鲷、真鲷、鲐、六线鱼、美国红鱼等 30 多种，2007 年荣成市海水养殖产量 58 万吨，产值 72.8 亿元，其中桑沟湾养殖产量 24 万吨，产值 36 亿元，分别占荣成市养殖总面积、总产量和总产值的 30.7%、41.2% 和 56.3%。

近年来，为了加强对桑沟湾的保护和合理利用，基于高校、科研机构的研究成果，山东省荣成市委市政府实施了"721"湾内养殖结构调整工程，即总养殖面积中藻类种类占 70%，滤食性贝类种类占 20%，投饵性种类占 10%；通过调整养殖结构，传统养殖的比例不断下降，名特优养殖增势迅猛，以刺参、鲍、海胆为代表的海珍品养殖及多营养层次的综合养殖成为养殖业增长的主要因素；利用养殖品种间的互补优势实现生态养殖，从而降低了养殖自身污染，加快了海水交换量，提高了海水自净能力，现在近海海水质量均达到国家一类水质标准，取得了显著的经济效益和生态效益。随着桑沟湾养殖品种的多样化，养殖模式也由海带、扇贝等品种的单养模式逐步发展成混养、多元养殖模式，并在近些年发展成为规模化的多营养层次综合养殖。

（一）贝-藻综合养殖

根据养殖容量评估及贝藻生态互补性研究，在桑沟湾构建并实施了扇贝与海带、牡蛎与海带、鲍与海带的套养、间养等生态优化养殖模式。同时，根据大型藻类的生物学特性，实施了"11 月至翌年 5～6 月养殖低温种类——海带，7～10 月养殖高温种类——龙须菜"的全季节规模化轮养策略，充分利用养殖水域和养殖设施的同时，又产生了显著的经济和生态效益。在贝-藻综合养殖生态系统中，滤食性贝类等养殖动物通过摄食过滤掉水体中的颗粒物质，有利于藻类进行光合作用；而大型藻类则利用贝类呼吸、代谢过程中产生的 CO_2 和氨氮作为原料，通过光合作用产生氧气反馈给贝类等动物，既可以达到维持生态系统中 O_2 和 CO_2 水平的平衡和稳定作用又可以维持生态系统中氨氮水平的平衡稳定和促进氮循环，在减轻了养殖对水域环境造成的压力的同时，合理利用了资源，提高了水环境的生态修复能力。研究结果表明，示范区的平均经济效益可以提高 20% 以上。

（二）鲍-参-藻综合养殖

鲍和大型藻类是我国浅海筏式养殖的重要种类，鲍的生物沉积及藻类碎屑沉积到海底，是养殖海区自身污染的主要来源之一。刺参是我国海产经济动物中的珍贵种类之一，属腐食食性，将刺参与鲍藻类综合养殖，根据鲍、参、藻三者之间的食物关系，利用海带等养殖大型经济藻类作为鲍的优质饵料，鲍养殖过程中产生的残饵、粪便等颗粒态有机物质沉降到底部作为海参的食物来源，鲍、参呼吸、排泄产生的无机氮、磷营养盐及 CO_2 可以提供给大型藻类进行光合作用（Fang 等，2009）。

刺参与鲍混养时，鲍养殖笼每层可放养刺参 2～3 头，每笼 3 层，放养规格 60～80 克/头，悬挂水深 5 米。放养时间 9 月至翌年 5 月，刺参平均体重可达 150～200 克/头。按笼养鲜刺参每千克 140 元计算，刺参与鲍混养后，每笼平均经济效益可增加 210 元。每条浮绠挂 20 笼，混养后每条浮绠可增加产值 4 200 元，每亩（4 条浮绠）皱纹盘鲍与刺参混养后可增加产值 16 800 元。扣除刺参苗种费用（每头按 5 元计算），每笼可增加毛利 180 元，每条浮绠可增加毛利 3 600 元。

(三) 鱼-贝-藻综合养殖

在该系统中，藻类可以吸收和转化鱼和贝类排泄的无机营养盐，并为鱼、贝提供溶氧。双壳贝类滤食鱼类粪便、残饵及浮游植物形成的悬浮颗粒有机物。利用海带和龙须菜作为 11 月至翌年 5～6 月（冬季和春季）和 7～10 月（夏季和秋季）的生物修复种类。这 2 种生物的干湿重转化系数为 1∶10。海带和龙须菜的干组织氮含量分别为 2.79％和 3.42％，海带和龙须菜的产量分别为 56 千克/平方米（湿重）和 3 千克/平方米（湿重）。冬季和春季网箱鱼类和海带的最适混养比例为 1 千克（湿重）∶0.94 千克（干重），而在夏季和秋季为 1 千克（湿重）∶1.53 千克（干重）（Jiang 等，2014）。

在该 IMTA 系统内，对能够摄食颗粒有机物的贝类及其他滤食性生物来说，颗粒大小起到重要的决定作用。长牡蛎能够摄食直径小于 541 微米的颗粒。在近期的试验中，通过对网箱区与非网箱区的试验比较，证明了鱼类残饵及粪便对牡蛎食物贡献。牡蛎通过摄食活动所摄取的鱼类养殖产生的有机碎屑的转化效率约为 54.44％（其中 10.33％为残饵、44.11％为粪便）。从鱼类养殖网箱逃逸出来的颗粒营养物质中适宜的大小范围占 41.6％，牡蛎能够同化利用 22.65％的颗粒有机物。双壳类在该系统中起到循环促进者的作用，不仅能够减少养殖污染，还能够为鱼类养殖创造额外的收入。但为了能够达到最大程度清洁效果，在该系统中搭配沉积食性种类（如沙蚕、海胆等）是十分必要的（Jiang 等，2013）（图 4-3）。

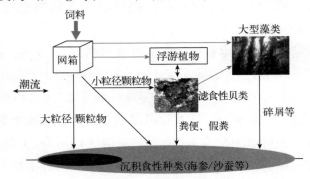

图 4-3 鱼-贝-藻-海参综合养殖系统不同生物功能群互利作用

(四) 大叶藻海区底播综合养殖模式

在该系统内，大叶藻及菲律宾蛤仔来自自然环境，大叶藻可以为海胆和鲍提供食物，同时为其他的底栖生物或者浮游生物提供隐蔽场所。海参可以摄食鲍及菲律宾蛤仔的粪便，同时也摄食自然产生的沉积有机物，所有这些动物所产生的氨氮能够被大叶藻及浮游植物所吸收利用，浮游植物可为菲律宾蛤仔提供食物，很重要的一点是，大叶藻及浮游植物可以为该系统提供溶解氧（唐启升，2013）。

该 IMTA 系统位于桑沟湾南部湾口的楮岛海域，总面积为 665 公顷。20 世纪 80 年代初进行的海岸带调查显示，楮岛海域的大叶藻床面积约 67 公顷，近年来，通过实施大叶藻种苗的移植、大叶藻种子萌发、综合养殖模式的构建等大叶藻资源保护与开发策略，有效地养护和修复了近海生态环境。自 2006 年开始，楮岛海域的大叶藻面积开始扩增，为海洋生物提供了优良的栖息环境，目前，大叶藻床面积已达到 167 公顷左右。底播养殖主要的物种为海参、鲍、海胆、紫石房蛤及菲律宾蛤，分布在水下 5～15 米处。同时在该海区，有大量自然分布的大叶藻及其他藻类。每年春季，近 30 万粒海胆和 15 万粒鲍幼苗放至该区，其他种类为自然资源。2009 年，该示范海区共产出 1.5 吨的鲍、20 吨的海参、180 吨的蛤仔、80 吨的紫石房蛤和 2.5 吨的海胆。

海草床底播综合养殖生态系统在提供食物产出的同时，还承载着碳汇功能。海草床生态系统的碳汇功能主要通过浮游植物、附着藻类、底栖藻类、沉积物、增殖生物等碳汇要素来实现，在不考虑时间尺度上碳的去向时，海草床碳汇能力等于海草初级生产力部分固碳＋海草附着藻类初级生产力固碳＋草床底栖藻类＋草床捕获沉积外来有机质＋草床内增殖贝类贝壳碳。对桑沟湾主要海草分布区的大叶藻生物量、初级生产力及其组织碳含量进行了测定。桑沟湾大叶藻床全年平均生物量为 304.5 克干重/平方米，初级生产力为 1 075.0 克干重/（平方米·年）。按地下部分生产力约为地上部分的 35％进行修正，年初级生产力约为 1 451.3 克干重/年。大叶藻全组织含碳量 33.8％，若暂时不考虑时间尺度上碳的去向，初级生产力的固碳贡献为 490 克碳/(平方米・年)。桑沟湾附着藻密度在春季最大，70 克鲜重/平方米，全年初级生产的碳贡献平均约为 6 克碳/(平方米・年)(高亚平等，2013)。

二、桑沟湾养殖生态系统服务功能

随着海水养殖产业的飞速发展，人类对海洋的利用方式和养殖模式逐渐多元化，但人类不同的利用方式直接影响着系统的结构、功能和价值，对不同利用方式下养殖系统所具有的核心服务及价值的大小进行识别和定量，不仅为基于生态系统管理的海水养殖提供可比较的科学依据和经济依据，还可在货币化定量评估的基础上筛选优化养殖模式，为研究健康养殖模式提出新的思路(石洪华等，2008)。

(一)食物供给功能

桑沟湾养殖生态系统的食物供给功能是指桑沟湾养殖生态系统为人类提供的产品或服务的价值，包括食品供给、原材料供给与基因资源 3 种服务。通过调查和采访，采用市场价值法(即对有市场价格的生态系统产品和功能进行估价)，对养殖生态系统物质产品进行评估。这里的生态系统功能只考虑第 1 次交易获得的效益，而不考虑再次获益或第 2 次交易的增加值；价格也只考虑第 1 次交易时的价格，流通领域内产生的增加价值不计入本价值之内；成本只考虑生产成本，而不考虑销售成本和流通成本。物质主要是养殖海区的海产品，根据各养殖品种的售价和生产成本，采用市场价值法可估算桑沟湾不同养殖模式下系统的食物供给价值(表 4-4)(刘红梅等，2014)。

表 4-4 桑沟湾不同养殖模式下系统的食物供给价值

养殖模式	养殖种类	单位面积产量 [千克/(公顷・年)]	价格(元/千克)	收入 [元/(公顷・年)]	成本 [元/(公顷・年)]	服务价值 [元/(公顷・年)]
海带-扇贝综合养殖	海带	11 719	6	70 313	31 641	38 672
	扇贝	5 625	4.6	25 875	5 273	20 602
小计				96 188	36 914	59 274

（续）

养殖模式	养殖种类	单位面积产量［千克/（公顷·年）］	价格（元/千克）	收入［元/（公顷·年）］	成本［元/（公顷·年）］	服务价值［元/（公顷·年）］
海带-牡蛎综合养殖	海带	11 719	6	70 313	31 641	38 672
	牡蛎	35 156	0.7	24 609	10 547	14 063
小计				94 922	42 188	52 735
海带-鲍综合养殖	海带	15 625	6	0	37 969	0
	鲍	9 015	200	901 442	537 921	363 522
小计				901 442	575 889	363 522
海带-鲍-刺参综合养殖	海带	15 625	6	0	4	0
	鲍	8 654	200	865 384	482 716	382 668
	刺参	1 875	120	112 500	11 250	106 250
小计				977 884	493 966	483 918

（二）生态服务功能

桑沟湾养殖生态系统不仅具有向人类提供海产品的能力，同时还具有支持和保护自然生态系统与生态过程的能力，特别是在营养物质循环、固定 CO_2 和释放 O_2 方面的生态功能。桑沟湾养殖生态系统的营养物质循环主要是在养殖生物与养殖环境之间进行，养殖生物对进入生态系统的各种营养物质进行分解还原、转化转移及吸收降解等，从而起到维持营养物质循环、处理废弃物与净化水质的作用。这部分价值可采用影子价格法，根据污水处理厂合流污水的处理成本计算。桑沟湾养殖生物通过光合作用和呼吸作用完成与养殖环境之间 CO_2 和 O_2 的交换，如养殖生物通过滤食活动（如贝类等）对 CO_2 的固定与沉降，或通过光合作用（如海带等）释放 O_2，这对维持地球大气中的 CO_2 和 O_2 的动态平衡、减缓温室效应有着巨大的不可替代的作用。以浮游植物和大型藻的初级生产力测定数据为基础，根据光合反应方程计算，固定 CO_2 的价值用碳税法进行估算，O_2 的价值采用工业制氧的价格估算（表 4 - 5、表 4 - 6）（刘红梅等，2014）。

表4-5 桑沟湾不同养殖模式下营养物质循环价值

养殖模式	移除的总氮量 [千克/ (公顷·年)]	释放的总氮量 [千克/ (公顷·年)]	移除的总磷量 [千克/ (公顷·年)]	释放的总磷量 [千克/ (公顷·年)]	服务价值 [元/ (公顷·年)]
海带-扇贝 综合养殖	533.80	313.66	44.41	0.97	400.99
海带-牡蛎 综合养殖	261.01	228.10	44.41	0.11	120.08
海带-鲍 综合养殖	1 457.52	0.99	59.22	—	2 274.58
海带-鲍-刺参 综合养殖	1 457.14	0.97	61.85	0.000 2	2 293.75

表4-6 桑沟湾不同养殖模式下固定 CO_2 和释放 O_2 价值

养殖模式	固定和移除的碳量 [千克/(公顷·年)]	消耗的 O_2 量 [千克/ (公顷·年)]	服务价值 [元/ (公顷·年)]
海带-扇贝综合养殖	4 200.37	17.03	4 633.40
海带-牡蛎综合养殖	6 416.86	14.93	7 090.55
海带-鲍综合养殖	12 311.90	40.69	13 591.28
海带-鲍-刺参综合养殖	12 528.52	39.40	13 832.61

在人们的传统观念中，往往认为养殖生态系统的价值就是生产能力，并没有认识到生态系统提供的各种功能性服务价值。研究结果表明，桑沟湾不同养殖模式下物质生产价值占总价值的 80%～90%，系统过程价值占 10%～20%，表明虽然桑沟湾养殖活动是以经济效益为主的生产活动，但其对环境的调节作用不可忽视。在进行桑沟湾养殖系统的利用和发展规划时，如果只重视物质生产功能价值，必然会造成生态系统功能价值的损失，使生态系统遭到破坏，产生一系列不良后果。因此，决策者在选择养殖规划方案时，必须要均衡考虑系统内各项生态系统服务，这样才能更加合理有效地在发展经济的同时，保护生态环境，实现生态系统的可持续发展。

第四节　稻渔综合种养

稻渔综合种养（integrated rice fields aquaculture，IRFA），实质上是传统的稻田养鱼的一种演变和发展，农业部门又称之为"稻田综合种养"。稻渔综合种养是指在水稻种植的同时或休耕期，通过田间工程技术的应用，在稻田里养殖鱼类和其他水产动物，将水稻种植与水产养殖耦合起来，基于生态系统内营养物质及补充投喂的肥料和饲料生产稻谷和水产品的一种生态农业方式。这种生产方式能使稻田生态系统的物质和能量尽可能流向稻谷和水产品，实现系统可持续发展和经济效益最大化的目标。稻渔综合种养系统具有多方面的重要功能，包括食物生产、生态保护、景观保留、生计维持和食物安全等，使种植业与水产养殖业的生态环境服务功能表现得更加明显，是实现"高效、优质、生态、健康、安全"环境友好型水产养殖发展的有效途径（唐启升，2017）。

一、稻渔综合种养的理论基础

稻渔综合种养系统是由无机环境与生物群落共同构成的统一体。非生物因子包括光、水、温度、pH、CO_2、O_2 和一些无机物质等。生物因子包括生产者、消费者和分解者。生产者主要有水稻、杂草和藻类。它们都是通过光合作用和呼吸作用参与碳素循环，并向消费者和分解者提供有机物质。消费者主要有浮游动物（原生动物、轮虫、枝角类和桡足类）、底栖动物和人工放养的水产种类（鱼、虾、蟹、鳖等），还有蚊子幼虫（孑孓）、水稻害虫、水稻害虫的天敌（青蛙、蜘蛛、寄生蜂）、水鸟等（倪达书等，1988）。如图 4-4 所示，稻渔综合种养系统养分的利用和循环不同于自然生态系统，它是一个养分大量输入、大量输出的系统。养分的输入主要来源于施肥、补充投喂的饲料，养分输出主要包括稻谷、稻秆和水产品。

稻渔综合种养的理论基础是倪达书提出的稻鱼互利共生理论。该理论核心是利用水稻和水产动物的互利共生关系，人为地将水稻与水生动物置于同一个生态系统中，充分发挥水生动物在系统中的积极作

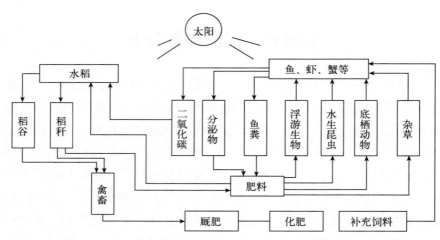

图 4 - 4 稻渔综合种养系统的物质转化和能量流动

用，清除杂草，减少病虫害，增肥保肥，促进营养物质多级循环利用，使更多的能量流向水稻和渔产品。由于水产养殖动物的引入，稻田生态系统中的生物群落、群落结构及相互关系将发生大的变化。一方面，养殖动物能直接或间接利用稻田中杂草、底栖动物、浮游生物和有机碎屑，减少了杂草与水稻对肥料的争夺，利用水稻不能利用的物质和能量。另一方面，养殖动物的排泄物又为水稻和水体浮游生物的生长提供丰富的营养源，产生的 CO_2 可被水稻、杂草及藻类利用。此外，养殖动物活动可松动表层土壤，在一定程度上改善土壤氧化还原状况，促进有机质矿化和营养盐释放。图 4 - 5 为稻渔综合种养系

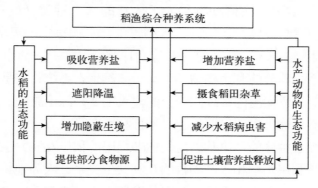

图 4 - 5 稻渔综合种养系统中稻-渔互利关系

统中稻-渔的互利关系。

二、稻渔综合种养的必要条件

稻渔综合种养区周边应无污染源，选择的田块应水源充足，注排水方便，保水性能好，雨季不淹，旱季不干。水源水质符合《无公害食品淡水养殖用水水质》（NY/T 5051—2001）。

水稻和水产养殖种类对水深、温度、pH、溶氧、氨氮、透明度等环境因子的需求是不同的（Halwart 等，2004）。两者之间最大的矛盾在于对水深的需求，水稻在不同生育期需要水浅，理想的水深变化于 3～15 厘米，在收割前 1～2 周需要排干，而水产养殖种类需要较大的水深，一般不低于 50 厘米。为了解决这个矛盾，必须对稻田进行改造，在稻田中开挖渔沟，筑高田埂，安装防逃设施，铺设进排水管道。只有这样，才能将水稻种植和水产养殖结合起来，开展稻渔综合种养。渔沟的形式主要有 4 种："口"字形、"十"字形、"日"字形、"目"字形。除了稻-蟹种养模式的稻田改造比较特殊外，其他种养模式的稻田改造的基本要求如下。

开挖渔沟：一般是沿田埂四周内缘开挖环沟，沟宽 1.5～4.0 米，沟深 1.0～1.5 米。大的田块还要在田中间开挖"十"字形的田间沟，沟宽 1～2 米，沟深 0.8 米。渔沟面积一般占稻田面积的 8%～10%。

筑高田埂：利用开挖环形沟挖出的泥土加固、加高、加宽田埂。田埂应高于田面 0.8～1.0 米，顶部宽 2～3 米。为了减少机械耕田泥浆对养殖种类的影响，在靠近环形沟的稻田台面外缘周边围筑宽 30 厘米、高 20 厘米的低围埂，将环沟和田台面分隔开。

安装防逃设施：稻田排水口和田埂上应设防逃网。排水口的防逃网应为 20 目的网片，田埂上的防逃墙应用 20 目的网片、厚质塑料薄膜或石棉瓦作材料，防逃墙高 40～50 厘米。

铺设进排水管道：进水、排水口分别位于稻田两端，进水渠道建在稻田一端的田埂上。排水口建在稻田另一端环形沟的低处。按照高灌低排的格局，保证水灌得进、排得出。

三、稻渔综合种养的发展现状

（一）面积与产量

2018 年，全国稻渔综合种养面积达到了 202.8 万公顷，约占全国水稻总面积的 6.7%，占淡水养殖面积的 39.4%（农业农村部渔业渔政局，2017）。从养殖面积看，稻渔综合种养的主要大省依次是湖北（39.32 万公顷）、四川（31.22 万公顷）、湖南（30.01 万公顷）、江苏（24.11 万公顷）、安徽（15.06 万公顷）、贵州（11.96 万公顷）、云南（11.19 万公顷）、江西（6.70 万公顷）、辽宁（5.15 万公顷）、黑龙江（4.70 万公顷）。2018 年，全国稻田水产养殖产量达到了 233.3 万吨，占淡水养殖产量的 7.9%，接近内陆水库增养殖产量（294.9 万吨）（农业农村部渔业渔政局，2017）。

（二）主要特点

当前，稻渔综合种养呈现出以下主要特征（唐启升，2017）。

1. 生产区域迅速扩大　稻渔综合种养过去只局限在气温高、降水量大、水资源丰富的西南、华南、华中、华东地区；20 世纪 90 年代后，养殖区域由长江以南向"三北"地区推进。现在辽宁、吉林、黑龙江、宁夏等省份都不同程度地发展了稻渔综合种养产业，主要以稻-蟹种养模式为主。

2. 养殖模式和养殖品种趋于多样化　稻渔综合种养由过去单一的稻-鱼种养模式向稻-虾、稻-蟹、稻-鳖等多种模式发展，由过去的稻-鱼双元复合模式向稻-鱼-鸭、稻-鱼-虾（蟹）、稻-鳖-鸭等多元复合模式发展，因地制宜发挥水田的光、水、气资源和时间、空间的潜力。过去稻田只是养鲤、鲫、草鱼、罗非鱼等少数品种，现在已发展到养殖泥鳅、黄鳝及克氏原螯虾、河蟹、日本沼虾、中华鳖等名特优品种。

3. 养殖技术水平和经济效益不断提高　现在稻渔综合种养不再完全依赖天然的饵料生物，还需人工补充投喂。经营方式实现了由过去的粗放式养殖向半集约化养殖转变，单位面积产量和经济效益有了大幅度提高。

4. 由自然经济向商品经济方向发展　过去传统的稻田养鱼是一家一户进行的，既分散、又量小，鱼产品主要是为了解决一些地区的吃鱼难问题，农民自给自足。现在稻渔综合种养的发展目标是逐步向集中连片的规模化经营方式转变，最大限度提高经济效益，减少农药和化肥的使用量，促进农业增效和农民增收。

（三）养殖种类

适合稻田养殖的水产种类应具有 4 个特征：①能适应在浅水中生活；②能忍受夏季高温和低溶氧状况；③在 2～5 个月的生长期能达到食用鱼规格；④能忍受较高的水体浊度。

目前，我国稻田养殖的水产品种有鲤、鲫、草鱼、团头鲂、鲢、鳙、泥鳅、黄鳝、罗非鱼、黄颡鱼、乌鳢、克氏原螯虾（以下称"小龙虾"）、日本沼虾（以下称青虾）、中华绒螯蟹（以下称河蟹）、中华鳖；另外还有人工培育的品种，如福瑞鲤、湘云鲫、高背鲫、异育银鲫"中科 3 号"。从养殖规模看，主要养殖对象是小龙虾、河蟹、中华鳖、泥鳅、鲤、鲫；除鲤、鲫外，这些主养对象均是肉质鲜美、市场价格高的水产品，能较好适应稻田环境。其他种类大都根据需要作为稻田混养或套养的对象，或作为杂草和水稻病虫害的生物控制者。

（四）主要模式

按照耕作方式，稻渔综合种养分为稻-渔轮作和稻-渔共作两种方式。目前，按主养对象可分为：稻-虾、稻-蟹、稻-鳖、稻-鱼 4 类种养模式（唐启升，2017）。

1. 稻-虾种养模式　稻-虾综合种养模式包括稻田养殖小龙虾、日本沼虾或罗氏沼虾。目前，稻-小龙虾种养模式最流行，主要集中在长江中下游地区，其中典型养殖地区是湖北省潜江市。2007年以前，普遍采用的是稻-小龙虾轮作模式，即每年的 8～9 月中稻收割前投放亲虾，或 9～10 月中稻收割后投放幼虾，第二年的 4 月中旬至 5 月下旬收获成虾，6 月初整田插秧，如此循环轮替。这种模式的缺点是小龙虾放养密度要适中，不能过高，否则到第二年 5 月小龙虾难以达到食用虾的上市规格，小龙虾单产一般在 40～60

千克/亩。

2013 年以后，几乎全部采用稻-小龙虾共作模式，即在稻田中全年养殖小龙虾，并种植一季中稻。具体说，就是每年中稻未收割的 9 月购买或自留亲虾，每亩投放 20～30 千克 [性别比（2～3）：1]；或者 10 月中稻收割后投放幼虾，每亩投放规格为 10 毫米的幼虾 1.5 万～3.0 万尾。第二年的 4 月中旬至 5 月下旬捕获达到食用规格的小龙虾出售，而小规格个体继续留田养殖，同时补投一批幼虾。6 月初整田插秧，8～9 月捕获第二批达到食用规格的小龙虾出售，同时留足个体较大的亲虾用于繁殖来年所需的苗种，如此循环。在这种共作方式中，中稻收割后将秸秆还田，并灌水淹田，田面水深达到 20～40 厘米。据调查，在这种共作模式中，小龙虾单产一般为 75～150 千克/亩；放养密度高、饲料投入多的少数养殖户单产可达到 150 千克/亩左右，但过高的产量也会带来较大的虾病暴发的风险，故不宜提倡追求高产量。稻-小龙虾种养模式的毛利润（未包括人力成本）一般为 1 800～3 500 元/亩，是水稻单作模式的 3～4 倍。

2. 稻-蟹种养模式　典型养殖地区是辽宁省盘山县。田间工程相对简单，蟹沟在距田埂内侧 1 米左右处挖环沟，沟宽 35～50 厘米，深 35～50 厘米，坡度 1∶1.2。田埂加高至 50～60 厘米，顶宽 50～60 厘米，底宽 80～100 厘米。稻-蟹种养模式的技术要点是"大垄双行、早放精养、种养结合、稻蟹双赢"。蟹种放养时间一般是 5 月下旬至 6 月上旬，放养密度为 400～600 只/亩。个体规格为 100～200 只/千克。另外，在田埂上种大豆，稻、蟹、豆三位一体，土地资源得到充分利用（王武，2011）。

小面积试验结果表明，养蟹田稻谷平均产量 699 千克/亩，比不养蟹田增产 54.8 千克/亩，增产率 8.5%，利润增加 484 元/亩。河蟹平均规格达 106 克，其中，60%的雄蟹达 130 克以上，最大雄蟹 243 克；70%的雌蟹达到 100 克以上，最大雌蟹 205 克。河蟹平均售价 60 元/千克，利润 1 134 元/亩。养蟹田的合计利润 2 232 元/亩，比不养蟹田（613 元/亩）增加 2.64 倍（Halwart 等，2004）。

根据大面积推广的调查，养蟹田稻谷产量为 650～700 千克/亩，比未养蟹田增产 5%～17%，稻谷售价增加 0.3 元/千克。河蟹平均规格 100 克左右，单产为 20～30 千克/亩（Halwart 等，2004）。该模式主要分布在辽宁、吉林、黑龙江等省份，目前推广面积超过 40 万亩。

3. 稻-鳖种养模式　典型养殖地区是湖北省赤壁市和荆门市。幼鳖投放时间一般是在 5～6 月，投放密度一般为 80～100 只/亩，投放规格为 250～500 克/只。需要补充投喂配合饲料及低值的小鱼、屠宰场下脚料，日投饵量视水温而定，一般为鳖体重的 3%～10%，每天投喂 1～2 次。收获时间般在 10～11 月，中华鳖产量可达到 75～100 千克/亩。此外，收获稻谷 430～460 千克/亩。该模式主要分布在湖北、安徽、浙江、福建等省份。

4. 稻-鱼种养模式　在稻-鱼种养模式中，往往根据不同鱼类的食性，以一种或两种鱼类为主，套养多种其他鱼类。一般是以底栖的杂食性（鲤、鲫）或草食性（草鱼）鱼类为主，再搭配滤食性的鲢鳙。目前，中稻产量为 550～650 千克/亩，鱼产量为 100～150 千克/亩，毛利润为 1 150～1 600 元/亩。以常规鱼类为主的稻渔综合种养模式分布较广，主要集中在四川、云南、贵州、湖南、福建、浙江、江西等省份。

目前，还发展了经济效益更好的稻-鱼-鸭、稻-鳅种养模式。3 年的稻-鱼-鸭种养试验表明，水稻增产 10% 以上，增收鲜鱼1 036.5 千克/公顷，成鸭 238.9～489.3 千克/公顷（郑永华等，1998）。在稻-鳅种养模式中，泥鳅鱼种放养时间般在 3～5 月，放养密度为 0.8 万～1.5 万尾/亩，个体规格为 7～9 厘米。当年 10～11 月或翌年 3～5 月收获，泥鳅产量一般为 75～150 千克/亩，同时收获一季稻谷 550～600 千克/亩。该模式主要分布在湖北、浙江、湖南、安徽等省份。

四、稻渔综合种养的管理

（一）水深调控

养殖稻田水深调控应根据水稻各生育期对水分的要求来确定。无论早、中、晚稻，均宜浅水插秧；在土壤水分饱和或浅水情况下可促使幼芽、幼根的正常生长。分蘖盛期前宜浅灌（3～5 厘米），如水深在 5 厘米以上，则对分蘖有抑制作用；分蘖后期采取深灌（7～9 厘米），可以抑制无效分蘖，但时间不能过长，以 7～10 天为宜。在拔节至出穗期，宜深灌（7～9 厘米）。

关于晒田问题，当水稻单作时，分蘖末期到稻穗分化之前需要排水晒田（亦称烤田或搁稻），以防止水稻的无效分蘖，晒田时间一般为 7 天。稻渔综合种养田这个时期是否需要晒田，还没有一致的认识。但是，已有研究表明，中籼稻在分蘖高峰 4 天后，淹灌深水 7～9 厘米，对抑制无效分蘖具有很好的效果；若如此，这对养鱼是非常有利的。即使需要晒田，对稻田养鱼的影响也不大。晒田前清理渔沟，让水产动物在缓慢排水时进入渔沟中短期回避，田晒好后立即灌水。

（二）肥料使用

稻田施肥是促进水稻增产稳产的重要措施。施肥方法、种类和用量要依据水稻不同生育期对养分的需求而定，同时要考虑养殖种类的增肥和保肥的作用。施肥分为基肥和追肥，前者是在插秧前使用的基本肥料（也称底肥），后者是在插秧后使用的补充肥料。根据施用时期的不同，追肥分为分蘖肥、拔节肥和穗肥。各期追肥的施用，总的目的都是满足水稻各个时期对养分的需要，使生长发育健全整齐，提高水稻产量。

由于养殖动物排泄物多，耕田插秧前田面上种植的水草和野生的杂草丰富，大量的稻秆还田，因此，水产品产量高于 100 千克/亩的稻田一般不施用基肥。若水产品产量不高，稻田土壤肥力不够，则可适量施用，但以有机肥料为主，搭配适量的复合肥。考虑到养殖动物和残饵的增肥作用，追肥主要是施用磷肥和钾肥，氮肥用得少。若需用氮肥一般用尿素，禁止使用对养殖种类有较大危害的氨水、碳酸氢铵等。为了减少对水产养殖动物的影响和提高肥料的利用效率，追肥施用采取少量多次、分片撒肥或根外施肥的方法，可分次进行。

（三）杂草控制

在一般情况下，稻田杂草若不清除，每年可导致稻谷减产 10%左右。稻田中主要的杂草有 20 多种，其中牛毛毡、轮叶黑藻、菹草、苦草及各种眼子菜和浮萍等，都是草鱼喜食的天然饵料。因此，在草鱼不是主养对象的种养模式中，套养少量的较大规格的草鱼种作为杂草的控制者。放养的杂食性河蟹、小龙虾、鲤、鲫等水产动物对杂草也有一定的控制作用。对于很难控制的稗草、莎草等，采用人工拔除；当然这会增加一定的人力成本，但对养殖种类安全。

（四）病虫害防治

水稻虫害主要有三化螟、二化螟、大螟、稻飞虱、稻纵卷叶螟、叶蝉、干尖线虫等。病害主要有稻瘟病、纹枯病、白叶枯病和细菌性条斑病。对于单作稻田，一般插秧后农户要在水稻 4 个生育期施用农药防治病虫害，这 4 个时期分别是移栽期（插秧后 7～10 天）、分蘖拔节期、破口前 5～7 天、扬花灌浆期。对于种养稻田，农户特别担心杀虫剂和杀菌剂对养殖种类的危害而造成水产品产量的损失，不敢轻易施用农药防治水稻病虫害，只要病虫害不是很严重，一般就不施用农药。

在种养稻田，水稻虫害一般采用物理防控和生物防控的措施。物理防控措施主要是在田间或田埂上安装太阳能诱虫灯或诱虫板。诱虫板包括黄色、绿色和蓝色。黄色诱虫板可用于辅助治蚜虫、白粉虱、木虱等同翅目害虫，绿色诱虫板一般用于诱杀茶小绿叶蝉，蓝色诱虫板可用于辅助防治蓟马。养殖稻田若遇褐飞虱、稻纵卷叶螟或叶蝉流行，可用细长竹竿，在田埂上从一头扫打稻秆至另一头，坠水的这些害虫即可被放养的鱼类或灌水带进的小杂鱼游来吞食，如此反复打扫数次，其效果很好。白叶枯病和细菌性条斑病的病原均由细菌孢子传染，土壤并不带病菌，传染的主要途径前者为水孔，后者则为气孔，可用 1%的石灰水浸泡种子 72 小时就可以防止这两种病的发生。

生物防控措施主要是依靠稻田中害虫的天敌和放养的水产种类。天敌主要有蜘蛛、青蛙、寄生蜂等；这些天敌的种群数量在养殖稻田中有所增加。另外，稻田放养的鱼类对要经过水体或以水体为媒介再危害稻禾茎叶的害虫也有一定的控制作用。

当养殖稻田的水稻出现严重的病虫害时，需要选用植物源和微生物源农药产品，既能有效地防治病虫害，又能使养殖种类不受到损害。粉剂宜在早晨露水未干时用喷粉器喷，水剂宜在晴天露水干后用喷雾器喷于稻叶上，勿使药剂直接喷入水中。

（五）补充投喂

在稻渔综合种养中，无论何种种养模式，都需要补充投喂一些饲料。饲料补充投喂量主要取决于养殖种类的放养密度和预期产量水平，日投喂水平视水温而定，不同养殖种类存在一定的差异。补充投喂的饲料包括人工配合饵料及植物性和动物性饲料。常用的植物性饲料为豆粕、花生饼、小麦、豆渣、麦麸、玉米、米糠、瓜菜类及各种水草等。对于河蟹、克氏原螯虾、中华鳖等杂食性和肉食性种类，常用的动物性饲料为：低值的小鱼虾、蚌肉、螺蚬肉、畜禽加工下脚料、蚯蚓等。此外，稻-虾、稻-蟹种养模式中，在稻田渔沟中还需要移栽水生植物，如伊乐藻、轮叶黑藻、苦草、水花生等，既为放养的虾、蟹提供天然的食物源，又可为其提供隐蔽所，并改善水质环境。

五、案例介绍

技术名称：稻田绿色种养技术（中华人民共和国农业农村部，2019）。

技术依托单位：中国水产科学研究院淡水渔业研究中心。

（一）技术概述

1. 技术基本情况　稻田绿色种养是一种将水稻种植和水产养殖相结合的复合农业生产方式，具有产出高效、资源节约、环境友好的特点。目前已形成稻-鱼、稻-蟹、稻-虾、稻-鳖、稻-鳅五大类模式。

2. 技术示范推广情况　稻田绿色种养具有稳粮、促渔、提质、增效、生态、环保等作用，是实现经济、生态、社会效益协调发展的重要农业生产方式。已在黑龙江、吉林、辽宁、浙江、安徽、江西、福建、湖北、湖南、重庆、四川、贵州、宁夏 13 个示范省份建立100 多万亩核心示范区。

3. 提质增效情况 在稻田绿色种养生态系统中，物质就地良性循环，能量朝着稻、鱼（虾、蟹、鳖、鳅）双方都有利的方向流动，稻田中的杂草和害虫为鱼类提供了食物，而水稻的生长则净化了水质，从而形成了稻鱼互利共生生态系统，实现了"以渔促稻、提质增效、生态环保、保渔增收"的发展目标。水稻亩产稳定在 500 千克以上，平均增产 5%～15%；泥鳅亩产 50 千克以上，蟹亩产 25 千克以上，小龙虾亩产 100 千克以上，鳖亩产 300 千克以上，各种鱼类平均亩产 50 千克以上。而且化肥、农药使用量平均减少 50%以上。从整体来看，该模式的综合效益增加 50%以上。

（二）技术要点

1. 稻田工程实施

（1）加固、加高田埂 放鱼前应修补、加固、夯实田埂，不渗水、不漏水。丘陵地区的田埂应高出稻田平面 40～50 厘米，平原地区的田埂应高出稻田平面 50～60 厘米，冬闲水田和湖区低洼稻田应高出稻田平面 80 厘米以上。田埂截面呈梯形，埂底宽 80～100 厘米，顶部宽 40～60 厘米。

（2）开挖渔溜、渔沟 渔溜：养鱼稻田的渔溜的数量视稻田的面积大小确定，位置紧靠进水口的田角处或中间，形状呈长方形、圆形或三角形。四壁用条石、砖石或其他硬质材料和水泥护坡，位置相对固定。溜埂高出稻田平面 20～30 厘米，并要沟沟相通，沟溜相通。培育鱼种的渔溜面积占稻田面积的 5%～8%，深度为 80～100 厘米；饲养食用鱼的渔溜面积占稻田面积不超过 10%，深度为 100～150 厘米。

渔沟：主沟位于稻田中央，宽 30～60 厘米，深 30～40 厘米；稻田面积 0.3 公顷以下的呈"十"字形或"井"字形，面积 0.3 公顷以上呈"井"字形或"目"字形。围沟开在稻田四周，距离田埂 50～100 厘米，宽 100～200 厘米，深 70～80 厘米。在插秧 3～4 天后，根据稻田类型、土壤、作物茬口、水稻品种和鱼种放养规模的不同要求开好垄沟，一般垄宽 50～100 厘米，垄沟宽 70～80 厘米，垄沟深 25～30 厘米。开挖围沟的表层泥土用来加高垄面，底层泥土用来加高田埂。

（3）进、排水口　进、排水口设在稻田相对两角田埂上，用砖、石砌成或埋设涵管，宽度因田块大小而定，一般为40～60厘米，排水口一端田埂上开设1～3个溢洪口，以利控制水位。

（4）防逃设施

① 稻-鱼共作防逃设施。拦鱼栅用塑料网、金属网、网片编织。其网目大小因鱼规格而异，全长为1.5～2.5厘米的鱼，网目为0.2厘米；全长为3.3～16.5厘米的鱼，网目为0.4厘米。其宽度为排水口宽度的1.6倍，并高于田埂。拦鱼栅呈"⌒"或"∧"形安装，在进水口处，其凸面朝外；在出水口处，其凸面向内，入泥深度20～35厘米，并把栅桩夯打牢固。

② 稻-鳖共作防逃设施。鳖有用四肢掘穴和攀登的特性，因此，防逃设施的建设是稻田养鳖的重要环节。应在选好的稻田周围用砖块、水泥板、木板等材料建造高出地面50厘米的围墙，顶部压沿，内伸15厘米，围墙和压沿内壁应涂抹光滑。并搞好进、排水口的防逃设施。

③ 稻-虾共作防逃设施。田埂四周用塑料网布建防逃墙，下部埋入土中10～20厘米，上部高出田埂0.5～0.6米，每隔1.5米用木桩或竹竿支撑固定，网布上部内侧缝上宽度为30厘米左右的钙塑板形成倒挂。在进排水口安装铁丝网或双层密网（20目左右）。

④ 稻-蟹共作防逃设施。河蟹放苗前，每个养殖单元在四周田埂上构筑防逃墙。防逃墙材料采用尼龙薄膜，将薄膜埋入土中10～15厘米，剩余部分高出地面60厘米，其上端用草绳或尼龙绳作内衬，将薄膜裹缚其上，然后每隔40～50厘米用竹竿作桩，将尼龙绳、防逃布拉紧，固定在竹竿上端，接头部位避开拐角处，拐角处做成弧形。进、排水口设在对角处，进、排水管长出坝面30厘米，设置60～80目防逃网。

⑤ 稻-鳅共作防逃设施。加固增高田坎，设置防逃板或防逃网，防逃板深入田泥20厘米以上，露出水面40厘米左右，或者用纱窗布沿到条四周围栏，纱窗布下端埋至硬土中，纱窗布上端高出水面15～20厘米。在进、出水口安装60目以上的尼龙纱网两层，纱网夯

入土中 10 厘米以上。

2. 养殖生物放养

（1）放养品种　以草鱼、鲤、罗非鱼、鲫、革胡子鲇、泥鳅、鳖、虾、蟹等草食性及杂食性鱼类为主，鲢、鳙等滤食性鱼类为辅。

（2）鱼类放养　鱼苗、鱼种的放养密度见表 4-7。

表 4-7　鱼苗、鱼种的放养要求

饲养类型	稻田类型		鱼苗数量（尾）	放养规格	鱼种数量（尾）	放养规格（厘米）
培育鱼种	育秧田		$(22.5 \sim 30) \times 10^4$	鱼苗	—	—
	双季稻田		$(3 \sim 4.5) \times 10^4$	鱼苗	—	—
培育大规格鱼种	中稻或一季晚稻田		—	—	$(1.50 \sim 1.95) \times 10^4$	3.3~5.0
	起垄、开沟稻田		—	—	$(2.25 \sim 3.00) \times 10^4$	3.3~5.0
饲养食用鱼	一季稻冬闲田或湖区低洼田	北方	—	—	$(0.075 \sim 0.15) \times 10^4$	3.3~5.0
		南方	—	—	$(0.45 \sim 0.75) \times 10^4$	3.3~5.0
	起垄、开沟稻田		—	—	$(0.75 \sim 1.2) \times 10^4$	3.3~5.0

注：食用鱼中放养比例为草鱼 50%~60%，鲤、鲫 20%~30%；鲢、鳙 10%~20%；或鲤、鲫 60%~80%，草鱼、罗非鱼、鲢、鳙 20%~40%。

（3）鳖类放养　一般水稻亲鳖种养模式，一般在 5 月初先种稻，5 月中下旬放养亲鳖；亩放养数在 200 只左右，放养规格为 0.4~0.5 千克/只。水稻商品鳖种养模式，一般在 5 月底至 6 月上旬种植水稻，7 月中上旬放养鳖；亩放养数在 600 只左右，放养规格为 0.2~0.4 千克/只。水稻稚鳖培育种养模式，一般在 6 月下旬种植水稻，7 月下旬放养当年培育的稚鳖，亩放养数 1 万只/亩。放养前要用 15~20 毫克/升的高锰酸钾溶液浸浴 15~20 分钟，或用 1.5% 浓度食盐水浸浴 10 分钟。

（4）虾类放养　一般在每年 8~10 月或次年的 3 月底。第 1 种方式是在水稻收获后放养大规格虾种或抱卵亲虾，初次养殖的每亩投放 20~30 千克，已养稻田每亩投放 5~10 千克，雌雄比（2~3）：1，主要是为第 2 年生产服务。第 2 种方式是放养虾苗，规格 3 厘米左右

（250～600 只/千克），每亩 1.5 万尾左右，30～50 千克。虾种放养前用 3%～5%食盐水浸浴 10 分钟，杀灭寄生虫和致病菌。

（5）蟹类放养 根据杂草在平耙地后 7 天萌发、12～15 天生长旺盛的规律，可在此期间投放蟹种，从而充分利用杂草这种天然饵料。稻田养殖成蟹放养密度以 400～600 只/亩为宜。在放养前用浓度为 20～40 毫克/升水体的高锰酸钾或 3%～5%的食盐水浸浴 5～10 分钟。

（6）鳅类放养 放养时间方面，一般在插秧后放养鳅种，单季稻放养时间宜在第 1 次除草后放养；双季稻放养时间宜在晚稻插秧后放养。放养密度方面，根据规格而定，规格为 3～4 厘米/尾的鳅苗，放养密度为 15～20 尾/平方米；规格为 5～6 厘米/尾的鳅苗，放养密度为 10～15 尾/平方米；规格为 6～8 厘米/尾的鳅苗，放养密度为每 10 尾/平方米。

鳅苗在下池前要进行严格的鱼体消毒，杀灭鳅苗体表的病原生物，并使泥鳅苗处于应激状态，分泌大量黏液，下池后能防止池中病原生物的侵袭。鱼体消毒的方法是：先将鳅苗集中在一个大容器中，用 3%～5%的食盐水或者 8～10 毫克/升的漂白粉溶液浸洗鳅苗 10～15 分钟，捞起后再用清水浸泡 10 分钟左右，然后再放入养鳅池中，具体的消毒时间视鳅苗的反应情况灵活掌握。

3. 饲养管理

（1）水的管理 在水稻生长期间，稻田水深应保持 5～10 厘米；收割稻穗后，稻田水保持水质清新，水深在 50 厘米以上，定期疏通鱼沟，保证水流通。有条件的情况下可在鱼沟中安装增氧设备。

（2）防逃 经常检查防逃设施、田埂有无漏洞，加强雨期的巡察，及时排洪、捞渣。

（3）投饵

① 稻-鱼共作。投喂定点，选在相对固定的鱼溜和鱼沟内，每天上、下午各投喂 1 次。配合饲料应符合相关标准；青饲料应清洁、卫生、无毒、无害。配合饲料按鱼总体重的 2%～4%投喂；青饲料按草食性鱼类总体重的 15%～40%投喂。对于不投喂的稻田养鱼，鱼

类则直接利用稻田中的天然饵料。

②稻-鳖共作。1～2龄鳖个体较小，饵料以水生昆虫、蝌蚪、小鱼、小虾、鱼下脚料等制成的新鲜配合饲料为主。3龄以上的鳖咬食能力较强，可以螺蛳、河蚬、河蚌等带壳的鲜活贝类为主食，适当投喂大豆、玉米等植物性饲料，也可投喂人工配合饲料。投喂饲料要做到定时、定位、定量。每天投喂量为其体重的8%～12%，分上午、下午2次投喂。

③稻-虾共作。稻田养虾一般不要求投喂，在小龙虾的生长旺季可适当投喂一些动物性饲料，如锤碎的螺、蚌及屠宰厂的下脚料等。8～9月以投喂植物性饲料为主，10～12月多投喂一些动物性饲料。日投喂量按虾体重的6%～8%安排。冬季每3～5天投喂1次，日投喂量为在田虾体重的2%～3%。从翌年4月开始，逐步增加投喂量。

④稻-蟹共作。饵料投喂要做到适时、适量，日投饵料量占河蟹总重量的5%～10%，主要采用观察投喂的方法，注意观察天气、水温、水质状况、饵料品种灵活掌握。河蟹养殖前期，饵料品种一般以粗蛋白含量在30%的全价配合饲料为主。河蟹养殖中期的饵料应以植物性饵料为主，如黄豆、豆粕、水草等，搭配全价颗粒饲料，适当补充动物性饵料，做到荤素搭配、青精结合。养殖后期，饵料主要以粗蛋白含量在30%以上的配合饲料或杂鱼等为主，可以搭配一些高粱、玉米等谷物。

⑤稻-鳅共作。一般以稻田施肥后的天然饵料为食，再适当投喂一些米糠、蚕蛹、畜禽内脏等。一天投2次，早、晚各1次。鳅苗在下田后5～7天不投喂饲料，之后每隔3～4天投喂米糠、麦麸、各种饼粕粉料的混合物、配合饲料。日投喂量为田中泥鳅总重量的3%～5%；具体投喂量应结合水温的高低和泥鳅的吃食情况灵活掌握。到11月中下旬水温降低，便可减投或停止投喂。在饲养期间，还应定期将小杂鱼、动物下脚料等动物性饲料磨成浆投喂。

（4）施肥　肥料种类：有机肥，如绿肥、厩肥；无机肥，如尿素、钙磷镁肥等；有机肥应经发酵腐热，无机肥应符合相关标准。

基肥：一般每公顷施厩肥2 250～3 750千克、钙镁磷肥750千克、硝酸钾 120～150 千克。

追肥：施追肥量每公顷、每次为尿素 112.5～150.0 千克。施化肥分 2 次进行，每次施半块田，间隔 10～15 天施肥 1 次。不得直接撒在鱼溜、鱼沟内。

（5）鱼病防治 采用"预防为主，防治结合"的原则，鱼种入稻田前须严格消毒，草鱼病采用免疫方法防治，在鱼病多发季节，每 15 天可投喂 1 次药饵。发现鱼病及时对症治疗。

4. 捕捞

（1）捕捞时间 稻谷将熟或晒田割稻前，当鱼长到商品规格时，就可以放水捕鱼；冬闲水田和低洼田养的食用鱼或大规格鱼种可养至第 2 年插秧前捕鱼。

（2）捕捞方式 捕鱼前应疏通渔沟、鱼溜，缓慢放水，使鱼集中在渔沟、鱼溜内，在出水口设置网具，将鱼顺沟赶至出水口一端，让鱼落网捕起，迅速转入清水网箱中暂养，分类统计，分类处理。

（三）适宜区域

全国水稻种植区均适宜推广该模式。可根据各地区的水产养殖和消费特点选择适宜的水产养殖品种。

（四）注意事项

一是稻种宜选用抗病、防虫品种，减少使用农药。

二是水稻病害防治贯彻"预防为主，综合防治"的植保方针，选用抗性品种，实施健身栽培、选择合理茬口、轮作倒茬、灾情期提升水位等措施做好防病工作。防治水稻病虫害，应选用高效、低毒、低残留农药。主要品种有扑虱灵、稻瘟灵、叶枯灵、多菌灵、井冈霉素。水稻施药前，先疏通渔沟、渔溜，加深田水至 10 厘米以上，粉剂趁早晨稻禾沾有露水时用喷料器喷，水剂宜在晴天露水干后喷雾器以雾状喷出，应把药喷洒在稻禾上。施药时间应掌握在阴天或 17:00 后。

三是鱼病防治采用"预防为主，防治结合"的原则。

四是防敌害生物，及时清除水蛇、水老鼠等敌害生物，驱赶鸟类。如有条件，可设置诱虫灯和防天敌网。

五是在鱼类生长季节要加强投喂，否则会严重影响鱼类的产量和规格。

六是养殖期间尽量多换水，保证水质清新。

七是发展稻田绿色种养适宜规模化发展，集中连片，方能充分发挥综合效益。

八是做好进排水设施构建，提高防洪抗旱能力。

九是对于泥鳅、小龙虾等品种，要增高加固田坎，防逃网要深挖，防止逃逸。

十是注重鱼米品牌打造和价值开发，提高产品质量和效益。

第五节　其他水产养殖

我国水产养殖种类繁多，养殖技术也多种多样。除前面介绍的几种养殖技术，尚有网箱养殖、筏式养殖、大水面放牧式养殖等多种技术模式，本节对这几种做简要总结。

一、网箱养殖

（一）基本概念

网箱养殖，是在一定水域中用合成纤维或金属网片等材料制成一定形状和规格的箱体，通过网箱内外水体的自由交换，在网箱内形成一个适宜鱼类生长的小生境，进行高密度精养高价值鱼类的一种科学养鱼方法。网箱多设置在有一定水流、水质清新、溶氧量较高的湖、河、水库等水域中。可实行高密度精养，按网箱底面积计算，每平方米产量可达十几至几十千克。主要养殖鲤、非鲫、虹鳟等，中国还养鲢、鳙、草鱼、团头鲂。网片（网衣）用合成纤维或金属丝等制成。箱体以方形或圆形居多，根据养殖品种的不同其形状、体积差别较大。设置方式有浮式、固定式和下沉式3种，以浮式使用较多。

（二）发展现状

国外网箱养鱼最早始于柬埔寨，距今140余年。当时柬埔寨渔民在洞里萨湖、湄公河一带捕鱼，他们将捕获的鱼暂养于拖在船尾的竹木笼中，运至都市出售，由于路途遥远，渔民们经常投喂一些小杂鱼或残羹剩饭，发现笼中之鱼有所增长，提高了商品价值，从而在湄公河流域逐渐形成网箱养鱼水上渔村。到 20 世纪 30～40 年代，网箱养鱼在东南亚国家传播，50 年代以后逐步传播到世界各地。20 世纪 70 年代，我国开始了网箱养殖，由于网箱养殖具有投资少、产量高、可机动、见效快等特点，因此在短短的几十年间，在全国各地的湖泊及水库蓬勃发展。

我国现代网箱养鱼起步较迟，1973 年首先在淡水养鱼方面取得成功。中国科学院水生生物研究所和山东历城锦绣川水库，试用网箱培育鲢、鳙鱼种取得成效；此后，浙江等地试用网箱养殖成鱼也获成功。目前，我国淡水网箱养殖已扩大到水库、湖泊、河流等不同类型的水域，养殖品种、养殖方法呈多样化；养殖地域已扩大到 20 余个省（自治区、直辖市），发展最快的有湖北、浙江和安徽等省。

我国海水网箱养鱼始于 1979 年。广东省首先在惠阳等地试养石斑鱼获得成功，1981 年扩大到珠海等地。目前已开展大规模的海水网箱养鱼生产，主要养殖品种有石斑鱼及鲷科、笛鲷科等科的 20 余种鱼类。福建海水网箱养鱼略迟于广东省，始于 1986 年，自 1987 年真鲷养殖成功后，迅速发展。浙江省海水网箱养鱼从 1986 年各地开展了不同程度的试验，到 1992 年进入推广阶段。海南、山东、辽宁等海水网箱养鱼也相继发展，且速度较快。全国海水网箱养殖已达 20 万余只，主要分布在广东汕头的南澳、饶平，惠州的惠东、惠阳，珠海的万山，深圳；福建平潭的竹屿港，福清的柯屿，东山的百尺门，厦门的火烧屿及连江；浙江宁波象山港、玉环漩门港、洞头三盘港；海南的三亚、陵水、万宁等地。养殖品种主要有石鱼属、鲷科、石首鱼科，笛鲷属，鲫鱼和鲈鱼等 20 余种。同时，各地还开展了人工配合饲料、抗风浪设施、苗种繁育和鱼病防治方面的研究，这对我国海水网箱养殖的发展起着积极的推动作用。

（三）技术要点

近年来，我国网箱养殖不断有新的进展，使用范围不断扩大，从沿海、近海到外海；网箱框架材料，在原先用竹、木的基础上，又增加了钢铁、塑料、橡胶、铝合金等；网箱的形状不但有正方形、长方形，而且出现圆形、多角形等；网箱的容量由几立方米扩大到几百甚至几千立方米；网箱的形式由固定型发展到浮动型、沉降型；养殖品种除传统的鲑、鳟鱼类之外，还有名贵鲷科鱼类、鲆、鲽类，以至虾蟹；养殖方式除单养外，还采取多种鱼类混养，鱼、虾、贝混养；养殖技术上普遍采用了遥控自动投饵系统；同时，为保证网箱养鱼的发展，在苗种培育、配合饲料以及新能源利用等方面也正在加速开发与应用。

网箱养鱼之所以能获得高产，这与网箱内外水体环境有着密切关系。在养殖过程中，由于水流、风浪及鱼体的活动，网箱内外水体不断交换，溶氧量不断补充，从而增加了养殖有效水体，提高了养殖密度；同时及时带走了箱内鱼体排泄物和食物残渣，以维持网箱中优越的溶氧和水质条件，养殖鱼群处于高密度情况下，通常也不会缺氧或引起水质恶化；鱼类被限制在网箱内的一个很小的范围内，减少了鱼类的活动空间和强度，从而降低了鱼类的能量消耗，有利于鱼类的生长和育肥，从而提高了鱼产量；网箱养鱼能避免凶猛鱼类的危害，从而提高了养殖鱼类的成活率。因此，网箱养鱼实际上是利用大水面优越的自然条件结合小水体密放精养措施实现高产的（图4-6）。

图4-6 甘肃某养殖企业网箱养殖虹鳟

网箱养殖方式具有以下优点。

（1）可节省开挖鱼池需用的土地、劳力，投资后收效快 网箱可连续使用多年。

（2）网箱养鱼能充分利用水体和饵料生物，实行混养密养、成活率高，达到创高产目的。

（3）饲养周期短、管理方便、具有机动灵活、操作简便的优点　网箱可根据水域环境条件的改变随时挪动，遇涝、可水涨网高，不受影响，遇旱，不受损失，能实现旱涝保收，达到高产稳产的目的。

（4）起捕容易　收获时不需特别捕捞工具，可一次上市，也可根据市场需要，分期分批起捕，便于活鱼运输和储存，有利于市场调节，群众称它水上"活鱼体"。

（5）适应性强，便于推广　网箱养鱼所占水域面积小，只要具备一定的水位和流量，农村、厂矿都可养。这里还有另外一种投资方式，建立一个海上渔场，打造一个海上的休闲娱乐平台，集饮食、娱乐（钓鱼、放生等）为一体的休闲场所，打造双重收入。

（四）案例

1. 青海龙羊峡三文鱼　龙羊峡水库位于青海省南部，属山谷型水库，海拔 2 480～2 610 米，面积 57 万亩，总库容量 247 亿立方米，坝前最大水深 150 米左右，平均水深 65 米，是我国库容量最大的水库，水温从 5 月中旬至 11 月中旬均保持在 10～22 ℃，水体交换量大，水质无污染，非常适合虹鳟鱼养殖。自 1998 年《青海龙羊峡水库网箱养殖虹鳟初报》发表以来，龙羊峡水库一直从事虹鳟鱼网箱养殖产业。

截至 2013 年，龙羊峡库区已建成冷水养殖面积 59 074 平方米，其中 HDPE 深水网箱 42 122 平方米，占总面积的 71.3%；现养殖各类鲑鳟鱼 96.4 万尾，养殖产量达到 1 700 吨，已成为青海省主要鲑鳟鱼网箱养殖基地。2013 年 7 月，经青海省农牧厅和青海民泽龙羊峡生态水殖有限公司组织编制的《龙羊峡水库网箱养殖容量及产业发展规划》通过中国科学院水生生物研究所、中国水利水电科学研究院专家组评审。综合考虑网箱养殖可持续发展和水质生态环境安全等因素，专家组认为，到 2020 年龙羊峡水库网箱养殖容量约为 4 万吨。

龙羊峡三文鱼现已成为青藏高原的地标特产和著名品牌。"龙羊峡"三文鱼销往北京、上海、广州等 20 多个省份，出口俄罗斯、东南亚等国家和地区，先后获得"农业部健康养殖示范企业""中国冷水鱼战略联盟副理事长单位""国家鲑鳟鱼网箱养殖综合标准化示范基地""全国休闲渔业示范企业""青海省农业龙头示范企业""青海省农牧业产业化龙头企业""全省模范劳动关系和谐企业"等荣誉和称号。

2. 福建宁德大黄鱼　2018 年全国大黄鱼产量 19.7 万吨，福建省占 80% 以上，而宁德市产量占全省的 90% 以上，占全国的 70% 以上。至 2018 年，宁德市已形成年育苗量超 20 亿尾、养殖产量 14.6 万吨、产值超百亿元的大黄鱼产业。目前，宁德市共有 8 家大黄鱼企业品牌被认定为"中国驰名商标"，拥有 1 家国家级农业产业化重点龙头企业，26 家省级产业化重点龙头企业。2019 年 8 月 11 日，在福建省宁德市召开的加快推进大黄鱼产业高质量发展座谈会上，宁德市被中国渔业协会授予"中国大黄鱼之都"称号。

国家级农业产业化重点龙头企业——福建三都澳食品有限公司，地处全国最大的大黄鱼养殖基地——福建三都澳。建有省级大黄鱼良种场 1 个，安全、放心、无公害的海水养殖基地 5 个，滩涂养殖基地、香鱼（淡水）养殖基地各 1 个。公司共有育苗水体面积 16 000 平方米，年产各类鱼苗 3 亿尾，建设安全、放心、无公害的海上水产养殖基地 5 个，网箱 5 000 多口，年产各类成品鱼 6 000 吨以及海水滩涂养殖一个，二都蚶、淡水香鱼养殖基地一个，年产香鱼 500 多吨，专供出口日本。公司开发生产的"威尔斯"牌系列产品畅销国内各大城市；外销日本、韩国、美国、加拿大、澳大利亚等国家和地区，深受广大客户的好评。

二、筏式养殖

（一）基本概念

筏式养殖是指在浅海水面上利用浮子和绳索组成的浮筏，并用锚绳固定于海底，使大型藻类（海带、裙带菜、石花菜、龙须菜等）、贝类（贻贝、扇贝、牡蛎、鲍等）及其他海产动物（柄海鞘等）的幼苗固着在吊绳上，悬挂于浮筏的养殖方式；广义上则涵盖了从垂下式养殖到网箱养殖等多种海上养殖方式。

（二）发展现状

我国海域面积约473万平方千米，为我国陆域面积的一半，并且海域中海洋资源丰富。我国所管辖的海域内有海洋渔场面积280万平方千米，20米等深线以上的内浅海面积2.4亿亩，海水可以养殖面积260万公顷，浅海滩涂可养殖面积242万公顷。因此，开发和利用海洋资源成为解决人口压力、提高人民生活水平的重要途径。近年来，海水养殖业已成为我国渔业经济的主要构成部分，浅海筏式贝类、藻类的养殖有较大的发展，为沿海经济，乃至国民经济的发展作出了重大的贡献。

海水养殖业的主要养殖方式有海上筏式养殖与滩涂贝类养殖、海水池塘养殖。随着近年来国家对海洋资源的重视，筏式养殖也得到进一步推广，筏式养殖系统产量与养殖面积稳步增加。

我国自20世纪50年代末开始进行贻贝养殖，至90年代陆续开展了鲍鱼、扇贝、龙须菜、羊栖菜等海洋经济生物的养殖，主要养殖模式均为浮筏式养殖。目前，我国的筏式养殖系统基本都建立在浅海地区，水深小于20米、冬季无冰冻水层的海区，主要用来养殖贻贝、扇贝、鲍鱼、海带等海洋经济生物，对于深海地区的养殖基本没有涉及。随着近年来养殖面积的饱和以及养殖环境的恶化，外海化发展成为海洋设施养殖的重要趋势，筏式养殖系统向深水拓展亦成为必然。

（三）技术要点

目前，国内最常见的是单绠延绳筏，每台单筏长50～70米，3～4台筏约666平方米。日本则在浅海设置双绠浮筏养殖紫菜，称浮流式养殖。传统的筏式养殖系统主要设施在有天然的庇护和海况较好的海域，水深通常在15米以内，养殖对象位于海平面下一定深度，下潜深度主要根据养殖海域环境和养殖对象进行设计，主要包括海浪条件、海水温度、透明度、深度、营养物等（图4-7）。

筏式养殖的主要结构形式包括筏式吊养、延绳式吊养、垂下式、

图 4 - 7　山东省长岛县筏式养殖海带（袁克廷　提供）

笼养型四大类。北方清水区采用单式筏，这种浮筏抗风浪能力强，管理操作方便。浙江浑水区多采用方架式养殖，这种筏式虽受风浪阻力较大，但能浅水平养增强光照。在风浪较大的浑水区宜采用软联合，以防倒架。筏式养殖系统还分浮筏、沉筏、升降筏等。

采用筏式养殖系统进行养殖时应注意以下几点。

一是多选择潮流畅通，无大风浪侵袭，无工业及生活污水的污染的浅海海区。

二是为便于打橛并保证安全，宜选择平坦的泥沙底为宜，泥底或沙底也可。

三是根据具体海区情况及养殖品种的不同，酌情选择养殖深度。

四是应选择饵料丰富的海区或进行人工配饵，随着养殖动物个体的长大渐疏密度，并随时检查网笼的破损程度。

五是在台风或风暴潮来临前要及时将笼网下沉，以免造成损失。

六是海上筏养海参、鲍鱼等经济动物也可与藻类混养。

（四）案例

1. 山东即墨浅海藻类筏式养殖取得突破　海带筏式全人工养殖法，人工养殖海带的技术。1953 年，由山东水产养殖场（山东省海水养殖研究所前身）李宏基、张金城、索如英、牟永庆、刘德厚、田铸平、邱铁铠、刘永胜、迟景鸿等研究成功。该法包括人工采孢子、育苗器的设计和育苗管理，合理密植与人工养殖管理等技术。可大幅度地提高海带的产量和质量。自 1954 年推广后，我国海带养殖生产迅速发展，很快满足了全国对海带食用和海带制碘、制胶工业的需要，结束了进口海带的历史。

近年来，为了更好地缓解渔业发展规模急剧膨胀和陆域发展空间逐渐缩小之间的矛盾，即墨区海洋与渔业局立足现状，积极引导养殖者开发利用浅海资源，重点发展藻类养殖，并取得突破。

即墨区一是在赭岛东北海域进行了 200 亩海带筏式养殖试验。整个养殖区产海带 800 吨（4 吨/亩），实现产值 240 万元，实现利润 100 万元。二是在神汤沟村近岸海域进行了 300 亩鼠尾藻筏式养殖试验，长势喜人，每株平均长度达 2 米。三是在丁字湾跨海大桥两侧海域进行了 200 亩龙须菜浅海养殖试验。龙须菜在即墨海区一年可养殖 3～4 茬，每茬养殖周期 20 天左右，亩产量可达 2.5 万千克，亩产值 5 万元，亩效益在 3 万元左右（图 4-8）。

图 4-8　山东省即墨筏式养殖（廉超　提供）

2. 莆田鲍鱼养殖采取筏式养殖　莆田是全国鲍鱼主产地之一，年产鲍鱼近 1 万吨，可创产值超过 10 亿元。一直以来，莆田鲍鱼养殖普遍采取筏式养殖，利用渔排在浅海进行鲍鱼吊养，近年才兴起工厂化养殖。由莆田市水产技术推广站起草制定的《鲍工厂化养殖技术规范》福建省地方标准获批发布，已于 2013 年 2 月 1 日起正式实施。

3. 乳山生蚝筏式养殖　乳山生蚝养殖品种以太平洋生蚝为主，采取筏式养殖方式。养殖区域主要分布于西至乳山口、东至浪暖口的开阔水域内。生蚝产业已成为乳山市渔业经济的支柱产业之一。生蚝喜在浅海区栖息，固着在岩礁或其他附着物上。在乳山沿海的礁石上，野生生蚝比比皆是，乳山生蚝的养殖面积、产量、质量居全国首位。

三、大水面养殖

（一）基本概念

大水面养殖是指利用水库、湖泊、江河等养殖水产品的一种方式，包括湖泊、水库、河沟养殖。除早期采取粗放型的增养殖，还包括"网箱、网栏、围网"等集约化养殖模式。粗放式大水面增养殖，主要以保持、恢复水域渔业资源为目的，依靠水体中的营养物质增殖，产量不稳定。网箱、网栏、围网等集约化养殖，应用人工投饵、施肥等技术，产量得到了较大的提高，但受到水体养殖容量的限制，必须严格控制。

（二）发展现状

所谓大水面是指在我国内陆水域中除了人工开挖的池塘、水泥池养鱼、流水养鱼和全封闭型循环水养殖工程之外，均属大水面，包括江河、湖泊、水库、河道、荡滩、低洼塌陷地等。

这些大水面是我国重要的国土资源，在水产养殖上具有重要的地位。开发利用大水面渔业资源具有节地、节粮、节能和节水的优点，可以改善人们的食物结构，增加市场有效供给，实现渔民共同富裕的重要途径。在全国500万公顷可养殖水体中，湖泊、水库、河道和荡滩等大水面约占80%，过去长期以来一直都把它们作为"靠天收"的捕捞式养鱼方式。各种不同的大水面有它们自身的特点，水域内的天然饵料组成也不相同，因此，开发大水面一定要做到因地制宜，要综合各种水体的生态环境、水域周边地区的经济实力和管理水平，采用多种实用技术和养殖方法来促进水产养殖事业的发展。

随着大水面养殖产业的不断发展，各种名优水产品的养殖技术也不断发展完善，河蟹、青虾、鲴、鲟、鳜、银鱼和珍珠等优质水产品及多品种混养的大水面增养殖已逐步发展起来。

（三）技术要点

大水面养殖具有成本低、效益高，且容易管理等优点，深受广大养殖户的青睐。大水面一般分为水草型、富营养型和贫营养型。也可分为肥水养殖和半精养养殖2种养殖模式。大水面养殖技术要点主要包括以下几种。

1. 注意养鱼工程建设　应注意排水闸门、防逃逸设施、堤坝和越冬区的建设，在北方越冬区尤为重要。

2. 注意养殖品种的搭配　综合考虑水体条件和销售渠道及特点，灵活搭配养殖品种。①水草型大水面可多投放草鱼、鲫，少投放花白鲢、鲤和鳙，为了提高经济效益还可投放适量的河蟹；②富营养型大水面通常为经营时间较长、底泥较厚、水生植物较少、水源多为稻田泄水或雨水等，肥力高、透明度低，可多投放鲢鳙鱼，少投放草鱼，适当投放鲤、鲫，且不适合养殖河蟹；③贫营养型为水质清瘦、浮游植物数量少、底泥有机质含量低的水体。其养殖品种需根据水体特点来确定。

3. 要注意控制放养密度　应根据水体中所含饵料的生物基础条件和放养鱼类的存活率来科学确定放养密度，既要避免无计划大量投放，也要避免投放量过小影响产量。

4. 严格监控放养模式　能够保证鱼类每年安全越冬且按照标准投放鱼苗的水体，根据养殖情况酌情制订起捕年限并可常年起捕，但应注意实行轮捕轮放。

（四）案例

1. 江苏洪泽湖多品种混养　江苏省泗洪县位于全国第四大淡水湖洪泽湖西岸，利用得天独厚的水资源条件该县水产养殖业得到长足发展。2016 年水产养殖总面积达 2.37 万公顷，其中大水面网围养殖占该县水产养殖总面积的 50% 以上，采用网围区以河蟹为主，适当搭配花白鲢、青虾、鳜等品种的养殖模式。结果证明，在大水面进行多品种合理混养，是充分利用水体资源，提高单位水体效益的有效途径。

2. 黑龙江省东安水库河蟹养殖　黑龙江省东安水库位于尚志市东 5 公里处。水域面积 220 公顷，平均水深 4 米，低水位时 2 米。水库大坝为石头护坡，堤坝坚固。底质为黑壤土，库底平坦。水草丰富，主要以水稗草、蒲草和菱角为主，占总水面积的 30%。水库的环境条件非常接近河蟹天然的生存环境，河蟹在水库中自然生长，不受药害等污染侵袭，保证了其纯正的"绿色"品质。实践证明，大水面养蟹可将资源充分利用，从而达到节约成本、增产增收的目的。

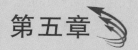

第五章

现代种养业与乡村振兴

第一节　现代种养业供给侧结构性改革

当今时代，互联网经济、信息技术带来的变革巨大，使得传统生产要素的作用机理和方式发生了变化，也带来了生产关系的变化，促使农业产业链的增值模式也发生了巨变，原有的增值发展路径模式遇到了瓶颈。价值创造、价值传导、价值循环是农业产业链持续增值发展的核心，而价值循环重在价值链环节主体之间的价值认同与分配，农业产业链的价值网络见图5-1。由产业链上游到下游是价值创造与传导过程，以终端消费者的价值认同为最根本的认同，依次会鼓励和激励对上游环节的价值认同与分配，及时有效的价值

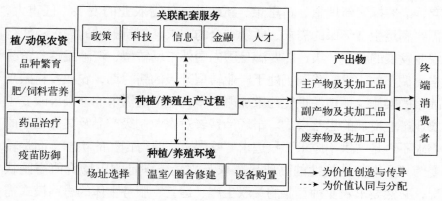

图5-1　农业产业链的价值网络

认同与分配会鼓励相应环节的再改进与再创新，有利于形成"增值"与"创新"互促的良性循环。因此，种养业现代化转型升级的纵深时期，供给侧结构性改革是种养业产业链可持续发展的关键。

一、种养业供给侧结构性改革的重要意义

1. 种养业供给侧结构性改革是利用两种资源两种市场提升国际竞争力的战略选择 新时代，"一带一路"的开放共享导致全球化价值链分工趋势日益明显，"互联网＋"和共享经济催生了"龙头企业＋平台＋集群＋现代服务业"的发展模式，国家级农业高新技术产业开发区和国家现代农业产业科技创新中心的建设导致企业产业高新化、平台服务高端化、功能业态融合化。当前，我国农业经济已然处于全球化市场竞争中，产业的价值链、企业链、空间链、供需链都将发生显著变化，农业产业链的运营组织受到科学技术、体制制度、商业模式及自身演化的多重驱动，其生产力、生产关系及运营管理方式都发生了变化，必然需要组织运营模式创新实现产业的适应性发展。供给侧结构性改革就是顺应宏观发展趋势的要求，依据全球市场需求的变化利用并配置国内外两种资源要素，提升种养业国际竞争力。

2. 种养业供给侧结构性改革是农业产业现代化进程中可持续健康发展的内在要求 新时代的特征，使得农业发展的机会与挑战并存，需要探索新理念、新思想、新战略；使得农业的发展责任重大，需要满足生态环保的需求、质量安全的需求、创新驱动的需求；使得农业发展的竞争升级，需要满足国内国外市场转型、资源配置、贸易格局调整的需求。我国正处于产业转型升级的新时期，农业乡村振兴战略的实施、环境保护的约束加剧、多元化消费需求的升级等改变了农业产业发展的思路模式。市场消费者对农业初级产品及其加工品的需求不再是"供不应求"只追求"吃得上、吃得饱"的状态，而是转变为"多维度结构性的高质量需求"的亟待满足的市场价值空间状况，必然要求农业种养业的关联生产、运营、服务主体的思路模式需要从"种植养殖什么就向市场输送什么"的顺向思维转变为"市场需

要什么种植养殖什么"的逆向思维。因此，供给侧结构性改革是种养业现代化发展实现产业链有效的价值传递实现与循环迭代的内在要求。

3. 种养业供给侧结构性改革是解决主体科学决策与实现产消一体格局的必然选择　目前，种养业"小散弱"，规模不经济，投机寻租行为存在，创新有效性不够高，消费者逆向选择，市场优质不优价，链条环节多周期长，环节主体协同难，风险多且不易识别，保险与金融难进入等都是浅层次问题。农业最根本的问题是能够支撑涉农产业链关联的生产者（知识生产者、物质生产者）、投资者（知识生产的投资者、物质生产的投资者）、消费者（知识消费者、物质消费者）进行科学合理决策的完备对称信息不足以及单独主体对信息的理解认知受限，以致严重影响了产业链的价值传递与实现、增值的分配与调节，再生产、再投资、再消费的激励与动力不足，严重影响了产业链的价值良性循环以及产业链的可持续发展。同时，与以往不同，农业产业的生产主体与消费主体的物理实际空间加大，使得农产品的生产、运营全过程的信息不再及时有效、透明公开，导致了农产品市场终极交易主体及终极价值认同主体——消费者，对农产品及其生产主体的信任程度降低，信用体系难以构建，产生了消费者对生产者的心理距离增加的状况，使得农产品的交易成本大幅度增加。因此，供给侧结构性改革是优化关联农业产业链主体的决策模式，改善市场供需大幅度高频率波动所引致的风险损失与价值损失非常大的状况，实现现阶段的"生产者与消费者一体化零距离"的格局。

二、种养业供给侧结构性改革的思路模式

以尊重消费侧的现存客观需求、引导消费侧的科学正向需求、挖掘消费侧的潜在隐性需求为基本原则，以"蓝海战略"对传统已有的供给侧的资源要素及产能进行或淘汰废除，或弱化减少，或改造升级，或创新补充，通过重构原有资源要素动态及时的响应终端市场需求的变换，从而优化调整消费与供给二者中间的整个生产运营的结构与模式。

（一）以"全链"为前提

种养业的链条是一个动态的复杂系统，其包括多个横纵向组成的环节、不同类型及层次的主体，是一个纵横交织、立体交互的网络生态体系，各个网络节点之间彼此的相互作用与交互影响极其错综复杂，可控性难度非常之大。然而，生产基地的供给与市场消费的需求，二者的闭环，需要全链条的协同合作，因此，"全链"是种养业供给侧结构性改革的前提。

"全链"的闭环，需要种养业关联的植保/动保农资投入主体、关联的生产要素服务主体、关联的场址设施环境设计主体、核心的种植/养殖生产主体、主产物/副产物/废弃物的生产加工主体、农产品的渠道经销商及采购零售商等关联主体，在统一顶层设计和指令决策下的专业化分工协作，需要"平台化扁平化"的全产业链组织运营模式，及时处理并共同面对宏观国内外环境变化、中观产业战略调整、微观环节变革需要等。

只有"全链"闭环才能做到"全息"，才能做到"产消一体"的供给侧结构性改革，才能做到种养业关联资源要素的高效率的利用与配置。

（二）以"全息"为关键

完备对称的信息是指导种养业产业链上的关联主体进行科学合理的关联农资投入品、种植/养殖基地生产产能及产出物不同加工类型的加工产能规划设计、合理调整等科学决策的重要依据，是依据终端消费市场的信息进行及时有效调整前端生产投入经济活动决策的重要前提，是种养业生产创造的产品与服务价值进行无损失、无浪费的实现的重要保障。

对于种养业产业链而言，最关键的信息是基于市场的信息及因信息不完备不对称所产生的风险与所引致的损失。包括终端消费者在内，其之前的供给环节及主体既是信息的"生产者"也是信息的"消费者"更是信息的"传递者"。因为环节主体的多样性、多层性、多元性，使得基于全链条的信息及时、有效、准确采集分析的难度加大，使得其不能及时有效地支撑所有链条关联主体经济活动的行为决策，需要所有关联主体形成信息共享的意识理念和及时有效共享的信息机制、决策机制和激励机制。

唯有做到基于"全链"的"全息"，才能对各环节主体的经济活动的价值做到全方面科学客观的分析和认知，才有利于其经济活动的选择决策与价值实现。

（三）以"全值"为根本

基于终端消费侧的现存客观需求、待科学化需求、潜在隐性需求的全方位的价值空间分析，有利于采购零售商、渠道经销商以及其所引动的多个供应链条上的众多主体，依据自身的资源要素优势，以终端消费价值需求为导向，总纷繁复杂的链条找到自己具有相对优势的价值生态位，有利于各个细分的供应链形成分工协作、竞争合作的高运作效率高创新活力的种养业产业链发展格局。

除了基于全产业链条的完备对称的信息外，"全值"的实现，要求关联主体具备对于完备对称信息的准确性甄别筛选、理解认知足够的能力素质，但是种养业产业链的各环节主体类型多样、主体层次多样，因其所受知识教育水平或经验阅历水平的限制对于信息的解析能力有限，可能导致认知、判断或预测的偏差，从而引致经济活动行为决策的失误并在产业链网络中引起连锁负面效应。因此，"全值"需要种养业龙头型企业进行主导形成总体的价值目标设计，再分解成平台组织生态中的其他关联主体的细分目标。

只有做到基于"全链"与"全息"的"全值"，才能使得环节主体之间的价值认知与认同更加客观公正，才使得增值分配与激励更加正向有效，才能有利于种养业产业链可持续的价值循环迭代。

三、种养业供给侧结构性改革的典型案例

在农业农村部乡村产业发展司的支持与引荐下，在对福建福州乡村产业振兴多个调研点调研过程中，发现福建新坦洋集团股份有限公司（以下简称"新坦洋集团"）可以作为种养业供给侧结构性改革较为成功的典型乡村产业振兴案例。现从其企业发展现状、核心竞争优

势、组织运营模式、未来发展展望 4 个维度进行典型案例企业的普实性模式进行理论解构，以供参考借鉴。

（一）企业发展现状

新坦洋集团成立于 2000 年，是一家集茶业种植、生产研发、观光农业、标准化建设于一体的农业产业化省级重点龙头企业。2015 年，新坦洋商标被国家工商行政管理总局商标局认定为中国驰名商标。2018 年，新坦洋品牌价值 10.85 亿元，列中国茶企第二位，连续七年列中国红茶首位。公司自有生态茶园基地 2 206 亩，其中 30 亩被福建省人民政府、农业农村厅列为中国坦洋工夫母种茶种质资源唯一保护区，拥有 600 亩生态桂花茶园基地，年生产能力达 8 000 吨，职工 260 余人，其中专业技术人员 56 人，高级职称技术人员 15 人，是一家集茶叶科研、种植、加工、销售、开发为一体的农业龙头企业。

标样茶城主体运营方——福建标样茶城股份有限公司，成立于 2017 年，总投资 5 000 万元，由众创茶联盟（福建）电子商务股份有限公司与新坦洋集团共同投资的一家股份制有限公司。公司主营茶类标准样。标样茶城，是首个中国茶类实物标准样的专卖平台，是根据中国茶类五大标准体系以统一文字标准和实物标准为基础，建立的茶产品管控机制，主营茶类国家标准样、地方标准样、企业标准样，旨在宣贯中国茶类标准，力争通过做强做大茶产业，打造中国标样茶品牌，做最规范、最专业、最全面的茶叶销售平台，使之成为惠及消费者、投资者和广大茶农的民族产业、民生产业。目前，标样茶城具有线上商城，定位为茶叶标准样专卖商城、综合零售型批发商城；具有 2 856 家线下门店，纵享全国客流；具有标样茶学院，为行业与领域培养和孵化人才。

新坦洋集团从成立之初一直专注标准化生产，产品严格执行国家标准，而致力于中国红茶标准化建设工作，始于 2013 年。2014 年，新坦洋集团受坦洋工夫地理标志产品保护办公室的委托，申请研制坦洋工夫国家标准样品，经过 5 年的申请及研制，2019 年 4 月，国家标准样品《坦洋工夫茶感官分级标准样品》（样品编号 GSB 16 - 3636 -

2019）正式发布。6 年来，集团主导及参与制修订了多项国家标准、行业标准及省地方标准。2013 年，新坦洋集团成为全国茶业标准化技术委员会红茶工作组秘书处承担单位，负责红茶领域国家标准的制修订工作；2015 年 12 月，新坦洋集团成为福建省电子商务标准化技术委员会委员单位，共同推进完善福建省电商标准；2016 年，新坦洋集团以全国茶业代表企业身份成为全国电子商务质量管理标准化技术委员会委员单位，并在当年被批准成为全国电子业务标准化技术委员会茶业电子商务工作组秘书处承担单位。

（二）核心竞争优势

1. 以科技创新支撑标准制定，成为行业规则制定者 2013 年，新坦洋集团受福安市人民政府委托，向全国茶叶标准化技术委员会提出申请；2014 年初，向全国标准样品技术委员会提出立项申请；2014 年 9 月，到北京参加立项审查会；2015 年 10 月，国家标准化管理委员会下达立项通知书；2018 年 8 月 23 日，全国标准样品技术委员会在福建省福安市组织召开评审会，并顺利通过；2019 年 4 月 16 日，由国家标准化管理委员会发布公告正式批准"坦洋工夫茶"国家实物标准样。在科技创新的支撑下，历经 6 年终于获得"坦洋工夫茶"国家实物标准样批准，制定了茶叶行业产品进行区内外、国内外贸易的"标准沟通语言"。

2. 以标准制定引领行业的发展，成为茶叶领域领跑者 新坦洋集团目前成为全国茶叶标准化技术委员会专家委员单位、全国电子业务标准化技术委员会专家委员单位、全国食品工业标准化技术委员会专家委员单位、全国茶叶标准化技术委员会红茶工作组秘书处承担单位、全国电子商务质量管理标准化技术委员会专家委员单位、全国电子业务标准化技术委员会茶叶电子商务工作组秘书处承担单位等制标单位，成为中国茶类五大标准规则体系制定的重要参与单位，通过分类型、分层级的茶类标准体系制定科学合理的引领着中国茶叶的发展。

3. 以行业发展提升国际竞争力，成为民族品牌铸就者 标样茶城秉承以消费者为中心，诚信为本、信誉至上、互惠合作、永续经营的原则，努力寻求厂、商和消费者之间的利益平衡点，传承茶文化、打造新业态。新坦洋集团以宣贯茶标准为宗旨，为了促进国家强化中国茶标准化工作的法制管理，目的是让世界认识中国的茶标准，解决消费者选购茶时"不信任"的顾忌，造福每个消费者，深入开发中国茶市场，让中国茶叶产业及其传统文化走向国外市场，获得世界的认同，全面提升我国茶产业整体发展水平和核心竞争力，促进中国茶产业持续健康发展，铸就茶产品民族品牌。

（三）组织运营模式

1. 以出口撬动入口，通过下游价值空间逆推上游生产产能　标样茶城助力茶产业由传统农产品经营方式向现代商品营销模式转型升级，推动"南茶北销、国茶外销"。线上商城所销售的茶叶，全部经过全国电子业务标准化技术委员会茶叶电子商务工作组监督与审核；七大茶企所有入驻标样实体的标准茶全部经过全国茶叶标准化技术委员会红茶工作组监督与审核。企业以县/区形成了茶叶的配送网络，已在全国布局2 856家实体体验店，旨在立足福建、相传全国、茗扬世界，形成了以茶产业链的市场价值空间科学合理的指导上游种植者种植规模（即生产产能）确定的模式，避免茶产业价格剧烈波动引起的负面效应。

2. 以三产激活一产，通过三产休闲农业赋能一产种植产业　茶叶是精准扶贫的关键，是解决"三农"问题重要突破口。茶产业规模化、标准化发展既可以提高茶农收入、振兴区域经济，还可以保护生态、美化环境，又可以提升地方的文化格调与内涵。以2 000多亩生态茶园基地为依托，通过茶产业休闲旅游、茶产业人才孵化、茶产业文化宣传等休闲农业的形式，一方面增加了前来休闲旅游的游客对于坦洋工夫茶的感知与认知程度，提升了消费者对新坦洋集团的信任度与忠诚度，大大加强了客户的依存程度与产品黏性；另一方面使得茶种植基地成为教育、体验、培训基地，为行业内部的人才专业素质的提升贡献了不可或缺的力量。通过三产休闲农业拓展丰富了一产种植产业，形成了新业态。

3. 以运营带动生产，通过非农对外服务增值农民对内管理　新坦洋集团以2 000多亩的茶园生态基地为核心，将示范带动当地区域的茶农发展，以其现代化的理念与思路带领当地"小"茶农的茶产品更好地面对"大"市场，使得当地的茶产业得以"走出去"，促进当地农民增收，带动区域经济增长。通过对外统一的运营服务，在茶叶的市场化过程中，新坦洋集团帮助茶农实现与消费者产品信息的沟通，减少市场推介成本，更顺畅地进行创新和营销，破解了茶农没有能力条件与没有意识动力对外进行运营的困境。在新坦洋集团统一组织运营与生产服务的前提下，茶农只需要管理好自己承包的茶园，就可以实现较好的效益。

（四）未来发展展望

与中国的中医、中国的中药、中国的厨艺、中国的农业一样，在越来越开放的国内外两种资源、两个市场的开放竞争环境中，在竞争越来越激烈的国际贸易环境中，在中国全面现代化发展的过程中，基于"分类型分层级"的多元化标准体系的建立、检测认证体系的建立、监管监测体系的建立、科学普及体系的建立是涉及多主体的协同系统。

茶叶领域作为农业的一个细分领域，已经走出了多元化标准体系的建立这重要一步，接下来新坦洋集团面临的问题及挑战有 3 点。一是行业同仁的共识建立及其产品认证，成为基本前提，但需要较长的周期。二是政府配套相应的市场监督管理体系，才能优质优价，但监管成本非常高。三是消费者对茶品标样体系的认知普及，变得至关重要，但具有较大外部性。

以上问题与挑战，需要多方的共同努力，打造更科学合理的市场运行机制，实现优质优价，最大化生产者福利与消费者福利，促进依托茶产业的乡村的可持续振兴。

第二节　现代种养业一二三产业融合

当前，我国经济已由高速增长阶段转向高质量发展阶段，农业发展进入新阶段。党中央持续加大强农惠农富农政策力度，全面深化农村改革，农业现代化稳步推进，农民收入持续增长，农村社会稳定和谐。但纵观近年我国农业农村经济发展实践，我国农业农村经济发展经历了规模农业、工业化和产业化农业、信息化农业等不同发展阶段，在这过程中，长期依靠拼资源、拼投入的粗放式农业发展道路积累的深层次矛盾也逐步显现，乡村发展不平衡不充分问题日益突出。农业发展面临农产品供求结构失衡、要素配置不合理、资源环境压力大等新问题。

为此，2015 年中央 1 号文件首次提出"推进农村一二三产业融合发展"，把产业链、价值链等现代产业组织方式引入农业，这是主动适应经济发展新常态的重大战略举措，是加快转变农业发展方式的重大创新思维，是促进农村一二三产业融合发展，支持和鼓励农民就业创业，拓宽增收渠道的重要途径。我国农业现在发展面临的严峻挑战迫切需要以产业融合发展的方式，升级农业价值链，进而为农业农村现代化提供有力支撑。促进农村一二三产业融合发展是以种养殖业发展为基础，在一定条件配合下，以各种利益的联结为纽带，带动二三产业在农村的发展，将各种要素、资源配置进行跨界的整合，各个产业之间协调发展，实现共赢，既盘活了农村的资源，拓展了农村的市场，也促进了城乡之间的融合，这不仅是走现代农业发展道路的必然要求，也是推进农业供给侧结构性改革、实施乡村振兴战略的战略举措，对于实现农业强、农民富、农村美具有重要的现实意义。

一、现代种养业一二三产业融合的思路

推进现代种养业一二三产业融合发展，要全面贯彻落实党的各项政策方针，主动适应经济发展新常态，以创新、协调、绿色、开放、共享五大理念为引领，以利益联结为纽带，引领现代种养业一二三产业融合，以集中创新为驱动，助推现代种养业一二三产业融合，以市场需求为导向，倒逼现代种养业一二三产业融合。

（一）以利益联结为纽带，引领现代种养业一二三产业融合

相比于单纯发展农业产业化，参与种养业一二三产业融合的主体呈现多元化特征，为解决"谁来融合"的问题奠定了基础。但单靠市场自由交易，利益联结机制往往较为松散，农民难以分享加工、流通

及其他增值服务带来的收益。为促进社会公平，增加农民收入，需要发挥紧密型利益联结机制的纽带作用，要求不同利益主体之间形成利益共享、风险共担、分工协作、网络联动的新格局，帮助农民分享农村产业融合过程中三产融合的增值收益，为多元化融合主体高效引领现代种养业一二三产业融合发展提供有力保障。

一是营造公平竞争的市场环境。我国农产品和农资生产经营领域假冒伪劣现象屡见不鲜，虚假标注、商标侵权、以次充好等违法行为屡禁不止，根源在于运动式的监管模式，单凭领导重视、媒体曝光或重大节日突击检查，往往治标不治本。要依法加强市场秩序监管，突出地方执法问责，营造公平竞争的市场环境，改善生产主体参与三产融合的信心。

二是完善农业社会化服务体系。种养业社会化服务体系依然比较薄弱，明显增加了相关经营主体的经营成本和风险，削弱其盈利能力，我国现有农村户均经营规模小，要通过完善三产融合的服务环境，建立健全农业社会化服务体系，把小农生产导入农业现代化，帮助参与融合的经营主体节本、降险、增效，挖掘农业内部增收潜力，为社会提供高附加值农产品服务，增强生产主体参与三产融合的原动力。

三是培育多元化产业融合主体。新型农业经营主体和工商企业往往经营理念新，生产经营能力强，是推进三产融合发展的生力军，普通农户传统农业理念重，现代经营意识不强，大多只能作为三产融合的跟随者。因此，需要农业产业化龙头企业、农民合作社、农民等多元化主体协同发力。支持农业产业化龙头企业发展，打造一批加工水平高、创新能力强的龙头企业，推动其集群集聚，形成品牌效应，是培育内生优势、升级农业价值链的客观要求。推广"企业＋合作组织＋农户"发展模式，带动农户和农民合作社发展适度规模经营；强化农民合作社基础作用，农民合作社是维护成员合法权益、增强发展动力的重要组织。尊重农民的主体地位，积极推动强农惠农富农政策和各类涉农项目在合作社的有效落实。充分发挥供销合作社等涉农单位的综合服务优势，依靠农业社会化服务体系，支持农民合作社迈向产加销一体化经营，上升为农业价值链驱动者。以"有文化、懂技术、会融合、善经营"为目标，培育一大批新型职业农民，引导专业大户、家庭农场经营者、新型经营主体以及返乡涉农创业者发展农产品深加工和直销，他们往往资本雄厚，拥有现代经营管理理念和专业化管理团队，与农民形成利益共同体，成为种养业三产融合发展的重要带动力量。

（二）以集成创新为驱动，助推现代种养业一二三产业融合

当前，我国推进种养业一二三产业融合发展尽管仍处于"初级阶段"，但是市场同质竞争问题已经日趋凸显，错位竞争和个性、特色、服务体验不足的问题较重。许多农村一二三产业融合发展项目"规划前景诱人"，但实际经营惨淡，融资难、项目落地难、吸引人才和优质要素难。创新能力不足或是最为重要的原因。因此，在推进现代种养业一二三产业融合的过程中，集成创新应是主要着力点之一。

现代种养业一二三产业融合的发展程度，即"融合多少"的问题主要取决于集成创新驱动（包括制度、技术和商业模式3种）。推进三产融合发展本身就是一个创新驱动发展的过程，用理念创新引领行动创新，以集成创新为动力至关重要，但三产融合过程中，仍存在诸多不合理的政府管制，新型经营主体创新动力和能力不足，严重制约农村一二三产业融合发展，为此要协调推进制度创新、技术创新和商业模式创新，依靠三者的协调互动，可望给利益相关者带来制度创新红利，通过政府放松管制的体制机制改革，合理引导工商资本参与产业融合，激发新型经营主体的创新积极性。

一是制度创新。一方面，要强化市场监管。降低市场准入壁垒可促进产业融合发展，根据宽进严管的原则，规范工商资本进入农业领域行为，减少前置审批，加强事中事后监管，引导工商企业致力于发展适合企业化经营的现代种养业和农业服务业，并在产业融合过程中与农民合理分配价值链收益。另一方面，要加强政策引导。综合运用奖励、补助、税收优惠等政策，引导城镇人口、返乡农民工到农村创业；完善知识产权入股、参与分红等激励机制，引导农业科技人员为农业企业和农村合作社提供技术指导，参与产业融合发

展的科技创新。

二是技术创新。以信息技术等为代表的新兴技术创新为农业价值链升级提供了新的机遇，农户、农民合作社主动投身技术进步，并拓展至商业模式创新，提升农业生产流通领域的智能化水平，推动科技、人文等要素融入农业，分享产业融合导致农业价值链攀升带来的高附加值收益。

三是商业模式创新。根据内生优势理论，在对待农业价值链附加值低的问题上，通过持续专业化发展，提高农产品质量，形成内生优势，获得更高的附加价值。如保持加工、流通、零售高附加值不变，把种养业附加值环节抬高，提升农业价值链价值。

1. 垂直一体化企业带动模式 在平等互利基础上，农业产业化龙头企业、农产品加工企业，与农户、家庭农场、农民合作社签订农产品购销合同，形成稳定购销关系，带动农户发展专业化、标准化生产。农户在垂直一体化企业的带动下，通过改善农产品供给结构与质量，能够分享到高质量农产品附加值收益；企业也可实现建设优质、高效、安全的农产品原料基地；农业产业链分工进一步深化与丰富，农业增收潜力得到进一步挖掘。

2. 创新发展订单农业 订单农业是促进农村产业融合发展的重要方式。支持农业产业化龙头企业与农户、农民合作社签订农产品购销合同，为其提供贷款担保和资助其参加农业保险，形成稳定购销关系，为农民取得农业价值链增收提供保障。

3. 鼓励发展股份合作 农村股份合作制是赋予农民财产权益、增加农户收入的关键举措。在农户承包土地经营权入股农民合作社和龙头企业的基础上，探索开展农户以闲置农房所有权入股发展乡村休闲旅游产业，农户、村集体、合作社、龙头企业组建农业产业化联合体等多种形式的股份合作。

4. 强化工商企业社会责任建设 在适度规模经营模式下，对于流转或出租土地的农民，工商企业要优先聘用，充分保障农民福利，满足农民在农村产业融合发展中对于职业技能的要求。

（三）以市场需求为导向，倒逼现代种养业一二三产业融合

为了实现农业现代化和种养业的三产融合，应以市场需求为导向进行发展，这不仅需要增强三产融合主体的内生动力，更要积极发挥政府调控作用及市场自我调节作用，完善多渠道农村产业融合，为有效解决"怎么融合"的问题提供支撑，也是实现现代种养业一二三产业融合的关键环节。

根据综合比较优势理论，一个经济主体的比较优势受资源禀赋、技术效率和交易成本等因素的综合影响，强调注重外生与内生比较优势并重。农户由于对消费者多层次的消费需求反应较为缓慢，与市场属于"保持距离型联系"，致使其在市场讨价还价中处于弱势地位。

一般而言，市场、需求和消费是决定一二三产业融合发展的关键。要遵循市场经济规律，引导产业融合发展从生产导向转变为消费导向、市场导向，让市场主导融合发展的路径和方向，尊重企业与农户的市场主体地位和经营决策权，提升农村产业开放水平，鼓励国内外工商资本参与农村产业融合发展，合理监管工商资本进入农业，不搞行政干预，充分吸收国外先进管理理念，重点完善基础设施、公共服务和市场监管，优化发展环境，引导农村一二三产业朝着预期目标融合发展。

二、现代种养业一二三产业融合的政策支持

2014 年中央农村工作会议上，提出了要把产业链、价值链等现代产业组织方式引入农业，首次明确要求促进农村一二三产业融合互动。2015 年中央 1 号文件首次提出"推进农村一二三产业融合"发展的思路；10 月中共十八届五中全会进一步提出了推进"种养加一体和一二三产业融合发展"；12 月 30 日，国务院办公厅印发了《关于推进农村一二三产业融合发展的指导意见》，该《意见》进一步明确了推进农村一二三产业融合发展的指导思想、基本原则、主要目标和工作措施。2016 年的中央 1 号文件中重申了"推进农村产业融合，促进农民收入持续较快增长"这一新理念。2017 年、2018 年、2019

年中央 1 号文件中也都提到了要在现代农业建设中引进全产业链、全价值链，推进农村产业融合发展试点示范。

连续 5 年的中央 1 号文件，都对推进农村一二三产业融合发展作出不同方面的解释和指示。推进农村一二三产业融合发展是顺应形势需要的战略选择，是提高农业产业整体竞争力、构建现代农业产业体系的核心。种植业是农村产业最主要的部分，关乎农村一二三产业融合的根本。

（一）农业农村部

1. 积极推动政策落实，不断完善种植业一二三产业融合政策体系　根据国务院办公厅意见分工要求，制订了推动落实方案，加强与有关部门的协调，深化细化政策措施。联合发改委、财政部、人民银行等十几个部委，拟定了促进农产品加工业、休闲农业、乡村旅游、农民返乡下乡人员的创业创新等一系列政策措施文件。农业农村部督促各地加大力度促进农产品加工业发展，对 10 个省份开展调研督查，并向国务院报送了《关于我国农产品加工业发展情况的报告》，并出台《关于推进农村一二三产业融合发展的指导意见》《关于支持返乡下乡人员创业创新促进农村一二三产业融合发展的意见》等。

2. 编制实施全国农产品加工与农村产业融合　"十三五"发展规划，2016 年农业部牵头制定了《全国农产品加工业与农村一二三产业融合发展规划（2016—2020 年）》，2017 年农业部办公厅印发《关于支持创建农村一二三产业融合发展先导区的意见》，2018 年农业农村部印发《关于实施农村一二三产业融合发展推进行动的通知》和《乡村振兴战略规划（2018—2022 年）》，力求做优农业、做强加工业、做活服务业，组织实施专用原料基地建设、农产品加工业转型升级、休闲农业和乡村旅游提升、农村产业融合试点示范四大工程。

3. 开展种植业一二三产融合发展的试点示范　在种植业新一轮一二三产业融合进程中，将着力打造农村产业融合发展的平台载体，打造一批全产业链企业集群和一批"农字号"特色小镇。增强农民参与融合能力，让农民更多分享产业融合发展的增值收益，支持农民合作社新盘加工流通 851 个，培育壮大龙头企业 13 万家，培训 1 万名现代青年农场主，创建千万亩以上的标准园 4 600 多个，同时推进"互联网＋现代农业"，支持休闲农业、乡村旅游的发展和农村电子商务，支持产业精准扶贫等。此外，农业农村部宣传推介了 18 个农产品及加工副产物综合利用典型案例，召开了农产品加工及加工副产物综合利用典型案例研讨会，印发了《关于宣传推介一批全国农产品加工业发展典型案例的通知》，对全国"一县一业""一园一业""一企一业" 3 类发展典型进行宣传推介。

4. 印发《关于金融支持农村一二三产业融合发展试点示范项目的通知》 决定加大对农村一二三产业融合发展试点示范项目的金融支持，重点支持新型农业经营主体发展加工流通和直供直销、大型原料基地与加工流通企业协同升级、农产品加工流通企业与农户联合建设原料基地和营销设施等 6 类发展经营融合主体，促进种植业一二三产业融合发展；农业部和中国农业发展银行签订《支持农业现代化全面战略合作协议》，中国农业发展银行力争"十三五"期间向"三农"领域累计提供不低于 3 万亿元的意向性融资支持，年均贷款增速高于同业平均增速，聚焦在保障国家粮食安全、高标准农田建设、调整优化农业结构、推进农垦改革发展等 10 个方面。

综上所述，国家积极出台落实《关于推进农村一二三产业融合发展的指导意见》《关于支持返乡下乡人员创业创新促进农村一二三产业融合发展的意见》等，编制实施全国农产品加工与农村产业融合"十三五"发展规划，做优农业、做强加工业、做活服务业，开展种植业一二三产业融合发展的试点示范，联合中国农业银行、中国农业发展银行给予资金支持，发展经营融合主题，增强农民参与融合能力。

（二）财政部

完善税收优惠政策，激发农村一二三产业融合主体活力。财政部和国家税务总局制定了一系列税收优惠政策，支持包括农业龙头企业和个人在内的各类新型经营主体依法享受相关税收优惠政策。进一步扩大了企业研发费用加计扣除范围，并简化审核管理，引导企业加大研发投入，促进资源优化配置；放宽了对高新技术企业特别是中小企业的认定条件，扩充了高新技术领域范围，引导信息化与农业产业深度融合；推广国家自主创新示范区试点有关所得税等优惠政策至全国执行，创造公平竞争的市场环境；免征蔬菜、部分鲜活肉蛋产品流通环节增值税，减免农村金融发展相关增值税，减轻农业新型经营主体的交易成本和融资成本；支持地方扩大农产品加工企业增值税进项税额核定扣除试点行业范围，落实农产品初加工所得税优惠政策；落实小微企业税收扶持政策，积极支持"互联网＋现代农业"等新型业态和商业模式发展，符合条件的农产品加工企业均可依法享受优惠政策。

除了上述政策，中央财政还安排资金支持农业种植结构调整，完善农产品产地初加工补助政策，创建现代农业示范区，培育职业新型农民等。

（三）自然资源部

1. 自然资源部积极开展土地利用总体规划的调整完善工作　目前，《全国土地利用总体规划纲要（2006—2020）调整方案》已经获得国务院批准，地方各级土地利用总体规划调整完善工作正在抓紧推进。该方案合理调整各地耕地保有量、基本农田保护面积和建设用地的规模，并明确要求重点做好耕地和基本农田调整，建设用地结构和布局优化，促进形成合理的生产生活和生态空间。同时，自然资源部对全国 31 个省份开展了书面调查，在汇总各调研组和书面调研情况的基础上，起草了《农村新产业新业态用地保障督导调研报告》，报送中央农村工作领导小组和国务院领导。

2. 自然资源部政策明确　在土地利用计划方面，予以支持各地单列安排农村建设用地计划指标的时候，要安排不少于国家下达当地计划指标的 5％，用于农村产业灵活发展用地需要，为农民住宅、农村发展等提供用地保障。同时，根据国务院有关规定，自 2015 年起，由各省区市对新型农业经营主体进行的农产品加工、仓储物流、产地批发市场等建设单独安排用地计划指标，促进相关产业发展。同时，自然资源部在门户网站开设了"产业用地政策实施"专栏，宣传推广各地落实用地政策支持休闲农业、乡村旅游、农产品流通、农村电子商务等一二三产业融合发展的典型做法。

3. 支持设施农业发展的用地政策 根据设施农业的发展情况和国有化粮食发展需要，2010年和2014年发布关于进一步支持设施农业健康发展的通知，加大政策支持力度，明确规定经营型的畜禽养殖、工厂化的作物栽培、水产养殖以及规模化粮食生产所需的生产设施、辅助附属设施和配套设施用地都按照设施农用地管理，无须按建设用地办理审批手续。在具体的实施上，归经营者或农村集体经济组织、乡村政府签订协议，约定土地使用条件和土地复垦义务后就可以从事设施农业生产。同时，为了严格保护耕地，保障国家粮食安全，明确严禁随意扩大设施农用地建设范围，严禁以设施农用地为名从事非农业建设，要确保农地农用。

综上所述，自然资源部发挥土地利用总体规划的引领作用，明确优先安排农村基础设施和公共服务用地，做好农业产业园、科技园、创业园用地安排；因地制宜编制农村土地利用规划，优化耕地保护、村庄建设、产业发展、生态保护等用地布局，引导农田集中连片，推进农业农村绿色发展；规范设施农用地类型，改进设施农用地监督管理。

（四）工业和信息化部

（1）2016年10月，工业和信息化部组织实施2016年工业转型升级（中国制造2025）重点项目，共18个重点任务，包括工业云和大数据公共服务平台建设及应用推广等，助力健全农业信息监测预警体系等内容，扎实推进两化深度融合。

（2）资金支持上，工业和信息化部会同发展改革委和财政部设立了先进制造产业投资基金，首期规模200亿元。其中，中央财政出资60亿元，在"中国制造2025"十大重点领域的基础上，聚焦现代农业机械等重大项目予以支持，开展试点示范引导农业产业集聚发展。2015年以来，通过技术改造、专项建设基金共支持农业方面项目达22个，总投资91.35亿元。

（3）通过支持"中国网库"等，利用自身平台优势、大数据优势以及落地服务于中小微企业，以产业为聚集的电商谷优势，实施中小企业"腾计划"。全国布局和建设特色产业电子商务交易平台，促进中小微企业电子商务应用发展，把支持县域产业和中小企业发展、形成电商发展生态圈作为"腾计划"的重点内容。

（4）同农业部起草了《关于进一步促进农产品加工业发展的意见》，积极推进种植业向优势产区集中布局、加快农产品初加工发展、提升农产品精深加工水平、促进农产品加工业持续健康发展，延伸农业产业链，推进农产品品牌建设。

（5）组织实施"提速降费 2016 专项行动"，统筹部署农村地区通信基础设施建设升级工作，联合有关部门组织实施电信普遍服务试点，推动基础电信企业加大对农村地区投资力度。2016 年两批试点共下达中央财政补助资金约 87 亿元，支持约 10 万个行政村宽带建设和升级改造，大力推动农村地区通信基础设施建设发展。

综上所述，工业和信息化部健全农业信息监测预警体系，支持现代农业机械等重大项目，促进农产品精深加工，推进农产品品牌建设，开展试点示范引导农业产业集聚发展，大力推动农村地区通信基础设施建设发展，全国布局和建设特色产业电子商务交易平台，促进中小微企业电子商务应用发展，支持县域产业和中小企业发展。

（五）国家发改委

1. 抓好典型带动　启动实施"百县千乡万村"试点示范工程。国家发展改革委牵头制定了《农村产业融合发展试点示范实施方案》，在全国启动了"百县千乡万村"试点示范工程，目前全国共确定了137 个试点示范县。

2. 积极拓宽投融资渠道　加大农村产业融合发展的投资支持力度。国家发展改革委积极发挥企业债券融资对农村一二三产业融合发展的作用，印发了《农村产业融合发展专项债券发行指引》；发布了2017 年版《中西部地区外商投资优势产业目录》和《外商投资产业指导目录》，为外资投向农产品加工业和标准化设施蔬菜基地等创造了宽松便利条件。同时，从 2015 年 10 月以来，国家发展改革委在专项建设基金中设立了农村产业融合发展专项，到 2015 年 10 月至 2016

年 12 月，累计推荐安排了专项建设资金 460 多亿元，支持项目 900 余个；建设了一批产业集聚发展的农村产业融合发展孵化园区，打造了一批农业产业化龙头企业；此外，国家发展改革委在加大农业生产和农村水电路信等基础设施投入的同时，也安排了专项建设资金 32 亿元支持农产品加工类项目，安排 115 亿元支持农产品批发市场建设，并支持涉农企业通过发行企业债券融资了 42.4 亿元，用于农产品的种植、加工等项目的建设，有力地推动了种植业一二三产业融合发展。

3. 积极宣传推进种植业一二三产业融合发展的先进经验和典型做法 国家发展改革委会同有关部门先后到浙江、福建、四川等多个省份开展了调研，督促地方扎实做好推进农村产业融合发展的各项工作。并委托第三方机构对农村产业融合发展推进情况进行了评估，强化对政策落实情况的评估督导。同时，国家发展改革委再次编制了《农村一二三产业融合发展典型案例汇编》，从全国 251 个产业融合典型案例中精选出 101 个汇编成册，印发各地区各有关部门予以推介，并通过微信公众号平台对重点典型案例进行宣传。

综上所述，国家发展改革委牵头制定了《农村产业融合发展试点示范实施方案》，在全国启动了"百县千乡万村"试点示范工程；积极拓宽投融资渠道，促进农产品加工业和标准化设施蔬菜基地的建设，改善农村生产和基础设施，打造农业产业化的龙头企业；编制了《农村一二三产业融合发展典型案例汇编》，精选典型案例，印发各地区各有关部门予以推介宣传。

此外，科技部出台《关于深入推行科技特派员制度的若干意见》，深入推行科技特派员制度和"三区"（边远贫困地区、边疆民族地区和革命老区）人才支持计划，为新型农业经营主体提供技术服务，培育创新创业农村实用人才，促进种植业一二三产业融合发展。

三、现代种养业一二三产业融合的发展模式

结合已有发展现状和国内案例，归纳总结出我国现代种养业一二三产业融合发展的实践模式。

（一）农业龙头企业带动模式

近 20 多年来，我国农业产业化组织形式演变的主要方向便是从以家庭农户为基本单位的生产组织形式走向以农业企业为龙头的产供销相结合的经营组织形式。目前农业龙头企业带动模式已成为我国农村一二三产业融合发展、多经营主体共存共赢的典型模式。所谓农业龙头企业带动模式是指以规模大、实力强的农业龙头企业为主体，围绕农业领域的某些特定行业或产品，形成以"农业龙头企业＋农户"、"农业龙头企业＋合作社＋农户"等为表现形式的农业产业化经营组织。其中，"农业龙头企业＋农户"模式是农业龙头企业与农户双方为了规避农产品价格波动风险，而提前签订的农产品购销合同（订单）。由于农业龙头企业与农户直接合作存在不稳定性，单方面违约行为时有发生，导致双方交易费用很高，于是发挥"桥梁"和"润滑剂"作用的中介组织（如各类合作社）便应运而生，促使农业龙头企业和农户结成紧密、稳定的利益同盟，形成了"农业龙头企业＋合作社＋农户"模式。在该模式下，农业龙头企业与合作社、合作社与分散农户分别签订农产品购销合同，农户、合作社和农业龙头企业等经营主体均有其独特优势与定位。农户的劳动力成本较低，对农产品种植工作的管护更加精细，但在种植管理技术方面需要农业龙头企业及合作社加强指导、服务与监管。合作社技术水平较高，能够帮助农业龙头企业对分散农户进行技术指导和监督，还可以引导分散农户联合发展，发挥规模效应。农业龙头企业经济实力强、科技水平高、销售渠道多，对高素质人才有较大吸引力，其通过与合作社和农户形成利益共同体，将产业链向农业生产端延伸，可以有效带动农业产业化发展。

案例：佳沃集团 2013 年开始在四川省蒲江县投资发展猕猴桃产业，对原有种植模式进行优化调整，形成了多种猕猴桃产业化发展模式。包括"农业龙头企业＋家庭农场"模式，即佳沃集团与家庭农场、专业大户等签订猕猴桃授权种植收购合作协议，由佳沃集团负责提供技术指导、品质监管和统一收购，农户按照操作规范与佳沃集团开展种植合作，并按照双方事先约定的价格销售猕猴桃鲜果。"农业龙头企业＋村（社区）合作社＋农户"模式，即佳沃集团与村（社区）合作社进行种植合作，以村（社区）合作社为单位引导农户联合发展。在这两种模式下，佳沃集团与农户总体上实现了共赢发展的局面，但在合作过程中，双方的利益诉求并不一致。佳沃集团希望农户严格按照其技术方案进行种植，以及村（社区）合作社进一步发挥桥梁纽带作用；而农户希望佳沃集团及村（社区）合作社进一步加强技术指导与服务，解决其前期投入大及收购资金短缺的难题，并为其购买农业保险。因此，双方的契约关系较为脆弱，如何强化双方利益联结机制显得尤为重要。

（二）工商资本带动模式

工商资本带动模式是指把工商业所积累的人力、物力、财力、科技等资源投入到农业中去，使工商资本与农业生产要素相结合，以解决农业发展中面临的资金、技术、人才短缺等问题，促进农业产业化发展和经营模式创新。主要表现形式为：一是工商资本进入传统农业领域，通过提供机械设备、专业人才、科学技术和先进管理经验等，改造传统农业形态，提高农业全要素生产率。二是工商资本进入绿色农业、休闲农业领域，拓宽农业的功能和空间，创造出新的经济增长点。需要说明的是，工商资本带动模式与农业龙头企业带动模式二者不同的是，农业龙头企业带动模式中的企业通常在农业领域"深耕"多年，因此，其更多的是长期战略性投资，具有清晰的长远规划和行动路径，而工商资本带动模式中的企业起初并不涉足农业领域，亦不具有农业领域的投资经验，其投资农业的本质是工商资本的逐利性，因此这种投资可能存在一定的投机性和盲目性，往往缺少正确定位和长远规划。

案例：广东省韶关市曲江区方园生态农业有限公司起初的经营范围为房地产业和酒店业，后来投资5亿元，全力打造国际化观光农业基地——"大唐花海"项目。从项目运作的成效来看，工商资本进入农业有利有弊，其利之一是有效提升了当地农户收入。公司支付高于当地土地流转均价40%的租金，优先吸纳当地适龄土地流转户劳动力就业，实行分红机制将一定比例门票收入返还土地流转户。其利之二是为当地农业发展引入了工商资本经营的理念。公司通过建设农业生态园区，带动了当地其他产业的发展，改变了当地以往的发展模式。然而公司在运作过程中也存在一些突出问题，一是"非粮化"、"非农化"倾向突出，由于前期对土地投资成本巨大，公司仅仅通过种植经济作物很难盈利，因此其具有改变农用地性质进行旅游资源开发的强烈意愿。二是由于农户与公司签订了 30 年的土地流转合同，过长的合同期限使得土地流转具有一定的不可逆性，一方面增加了公司的投资风险和政策风险；另一方面也很可能变相导致农户土地承包权流失，给农户带来难以预料的风险。

（三）垂直一体化经营模式

所谓垂直一体化经营模式是指公司与农户、公司与公司之间通过股份制、合作制、股份合作制等方式紧密地联结在一起，形成一个产、加、销一体化的产权组织经营模式。不同于建立在商品契约基础上的农业龙头企业带动模式和工商资本带动模式，垂直一体化经营模式采取的是以要素契约为主的制度设计，是产业融合中的强联结模式。在现实中，该模式可分为前向一体化经营模式和后向一体化经营模式两种表现形式。前向一体化是企业将业务向消费它的产品或服务的行业扩展，以加强对下游产业链的控制。而后向一体化是企业将业务向为其供应原材料或服务的行业扩展，以加强对上游产业链的控制。垂直一体化经营模式的目的在于通过对上、下游产业链资源的重组整合，节约交易费用，发挥技术、资金、渠道等的协同效应，实现"1＋1＞2"的效果，并且确保企业能在市场不确定性高、机会主义威胁大时掌握主动权，增强其抗风险能力。

案例：松原市二马泡有机农业开发有限公司是一家集种植、加工、销售为一体的农业产业化企业，公司开始只生产等级标准较低的普通大米，对自身操作规程及对农户操作规程均没有特殊规定，公司与农户之间水稻的交易量、交易价格等均取决于市场机制的作用和双方意愿。2013 年公司发现市场对绿色大米的认可度越来越高，于是开始转向生产绿色大米，一方面升级了加工设备并规范了生产操作规程，另一方面也要求农户统一使用公司提供的种子、农药、化肥，由公司提供技术指导并严格按照绿色食品的标准种植，公司则按照事先与农户签订的合同上的订单数量和价格收购水稻。由此，公司与农户的资产专用性均有所增强，相互依赖度也在增加。2015 年公司进一步开展生产有机米业务，对其自身操作规程和农户操作规程提出了更高要求，双方资产专用性进一步增强，相互依赖度进一步增加，这时公司与农户之间的合同内容也发生了变化：公司开始租用农户土地，并雇佣农户统一操作管理。2018 年，公司进一步采取了以土地作价折算入股的方式组建了农业生产专业合作社，对农户实行年终分红，对土地和水稻种植实行统一经营管理，公司与农户的合同关系转向了垂直一体化。

（四）新型农业经营主体推广、应用先进技术

信息、互联网、生物等领域新技术的诞生和扩散有助于改变农业生产、农产品加工的竞争关系和价值创造过程，衍生出高效农业、观光农业、农业生产性服务业等新的生产、管理技术和业态，如农业内部种植技术与蜜蜂养殖技术通过生物技术衍生出蜜蜂授粉饲养技术和授粉增产技术，从此大力发展授粉农作物；旅游管理技术通过互联网和新媒体实现游客对农业生产技术的体验和参观，促使农业与旅游业的产品与业务融合，发展采摘农业、旅游农业；电子商务技术运用计算机技术、网络技术、移动互联技术等实现农产品销售过程的电子化、网络化，发展农村电商。新型农业经营主体引入先进科技，促进新技术在农村一二三产业间相互渗透、交叉和重组，跨越原有的产业边界，推动一二三产业协同进化、融合发展。

案例："中国鹿乡"西丰。西丰县立足当地特色农业资源优势，通过持续优化农业内部结构，发展"互联网＋"农业、生物医药等，构建了农村一二三产业融合发展经营体系。西丰县新型经营主体依托鹿养殖第一产业的优势，运用生物技术、深加工技术等推动鹿养殖业向生物医药、保健品、绿色食品等鹿产品加工产业延伸，运用旅游管理技术开发休闲农业、农耕文化等特色体验项目，打造生命健康产业

园。2017年，西丰县生命健康产业实现主营业务收入6.3亿元、税收1 786万元，已成为拉动当地经济发展的重要引擎。同时，互联网为鹿产品销售开辟了广阔的渠道，众多鹿产品相关经营主体纷纷推广应用信息技术、物联网技术，发挥当地邮政公司"邮农丰"营业网点、便民服务站多而密的传统农村组织资源优势，完善销售网络，发展订单农业，推进鹿产品进出口加工贸易，形成了从鹿养殖到鹿产品精深加工再到鹿产品贸易等具有当地特色的农村产业融合发展模式。目前，西丰县建成36个鹿产品营销专业网站、20多家参茸保健品网上商城，网上销售已覆盖45％以上的鹿茸、鹿副产品及其精深加工产品。基于西丰县三产融合的蓬勃发展，贵州茅台、山东东阿、修正药业、北京同仁堂等多家知名医药健康企业纷纷落户当地，又进一步推动着鹿产业向高价值、名牌化融合发展。多家知名电商企业如阿里巴巴、苏宁、京东等针对西丰鹿产品市场，积极与本地电商洽谈合作，滴滴、美团、百度等各类网络销售平台也主动与当地农业经营主体搭建伙伴关系，将特色鹿产品在网络中进行推广和销售。目前，西丰鹿产业已借助先进技术的渗透，在农业内部产业重组、纵向延伸农业产业链、横向拓展农业新功能方面实现了协同发展，形成了多元复合融合模式下资源、技术、资金等的协同发展优势。

四、现代种养业一二三产业融合发展案例

以"广西来宾农村产业融合示范园"为例，对其在现代种养业一二三产业模式下的建设规划进行解析，该园区建设规划由中国农业大学农业规划科学研究所于2016年编制。

（一）背景

来宾市位于广西壮族自治区中部，南接南宁，北连柳州，东临梧州，西交河池，是广西连接南北、承接东西的咽喉。园区位于来宾市兴宾区北部，作为桂中和桂北经济区（旅游业为支柱产业）交界处的重要城镇，在柳来经济一体化中占有重要位置，是来宾市通往柳州的必经之路，产业发展潜力巨大。

（二）发展路径

以提高现代农业产业化水平为重点，做优一产园区积极推进柑橘、蔬菜及畜牧产品基地建设，以实现规模化、集约化、标准化生产，发展绿色、有机产品，打造品牌，实现产品高端化，建设全国性的"南菜北运""南果北运"生产示范基地。重点发展现代种苗产业，推进柑橘、蔬菜生产标准化，建设生态畜牧规模化养殖基地；创新凤凰片区组织运营模式，把企业、基地和农民有机联合起来，建立起共同发展、相互扶持的利益联结机制。

以推动来宾凤凰工业园转型升级为重点，壮大二产通过不断壮大特色农产品加工业，开展农产品精深加工，将桂中农产品资源优势向第二产业有序延伸，形成紧密的基地建设产业群和特色农产品加工产业群，推进来宾市现代农业转型发展。立足来宾市凤凰工业园建设，加大招商引资力度，通过培育、引进龙头企业发展农畜产品精深加工业，推进农业产业化发展，建成集智能分选、加工、包装为一体的农产品加工产业链条。

以发展壮大现代农业服务业为重点，做强三产借助来宾市便捷交通条件，发挥园区辐射力强的优势，推进基础设施、配套项目建设，积极发展农产品冷链物流业，实现来宾市物流产业新突破；推动来宾市农产品质量可追溯体系建设，制定统一农产品生产标准与规范，加强农产品地域品牌建设，积极发展农村电商，建设来宾市农产品电商网络平台；以壮瑶文化、华侨文化为主题，将传统的农业和文化创意产业相结合，借助文创思维逻辑，将文化、科技与农业要素相融合，提高传统农产品附加值，增加农民收入，形成提供农事活动体验、农业文化欣赏、居住、游乐、休闲、养生、养老等功能服务的开发模式。

（三）园区功能区划分

金凤凰农村融合发展核心区建设以生态、科技为理念，重点发展柑橘、蔬菜、甘蔗三大产业，占地面积 4 400 公顷。合理规划布局科技、金融、研发孵化、电子商务、人才培训、生态居住等功能板块，形成集生产示范、科普教育、休闲体验于一体的核心区，从而打造凤凰片区三产融合示范区，带动周边组团快速发展（图 5-2）。

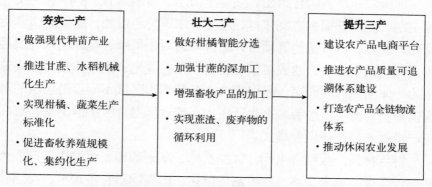

图 5-2　金凤凰农村融合发展核心区现代种养业一二三产融合发展

　　桂中加工服务特色镇突出"加工、服务"两大功能，立足桂中地区农产品市场，发展以果蔬、甘蔗、畜禽为主的农产品加工以及废弃物综合利用技术。重点研发甘蔗收割机、装载机等智能农机，为广西、华南地区乃至东南亚地区提供农机、农资等服务。改造建设符合来宾风格风貌的民居住宅、娱乐设施等建筑物，发扬来宾市壮族、瑶族文化及华侨文化。将桂中加工服务特色镇打造成集绿色农产品加工、商贸物流、休闲服务于一体的富美小镇，引领带动全国小城镇建设。

　　循环农业产业融合组团。遵循循环农业的发展理念，依托现有产业主体，实现产业主体内部小循环，积极发展油茶、花卉苗木、畜禽养殖等产业，构建各产业之间的中循环，提高农业生态系统中物质和能量的多级循环利用，面向各个组团，促进组团相互融合，最终形成凤凰片区区域的大循环，形成低投入、低能耗、低排放和高效率的生产格局。

　　糖蔗一体产业融合组团。以甘蔗种植为重点，同时种植水稻、番茄、花卉苗木等，引进种苗良繁、生物防治等管理技术，构建精品化、规范化、标准化、集约化生产技术体系，做好精深加工，延伸产业链条。积极扶持来宾桂农公司，提升农民生产管理技能，培育新型经营主体，形成"龙头企业＋专合组织＋基地＋农户"的发展模式，促进农业产业集聚发展。

休闲农业产业融合组团。以乡土田园、休闲体验、健康养生文化为主题，围绕长福生态文化村、富尧水库等特色资源，建设健康养生文化产业园、创客基地等项目，配合项目周边果蔬、花卉苗木等农品的开发，集中连片，建成集创意旅游、生态观光、休闲体验、健康养生为一体的综合性园区，吸引来宾市及其周边区域不同年龄层次的游客前来参观游玩，缓解城市生活压力，带动凤凰片区旅游消费，形成三产带动一二产业发展模式。

特色林果产业融合组团。以经济林、富硒葡萄、百香果等产业为基础，通过完善水、路、网等基础设施，提高物质装备水平，实现林果规范化、标准化种植，并充分开发利用山地资源优势，开展林果采摘、山地探险等活动，建设集生产、观光、体验于一体的山地林果组团，园区的建设对当地农民经济收入，地区经济发展具有促进作用，形成一产与三产融合发展模式，带动周边贫困村的发展。

园区以特色农业为切入点，推动农业向一二三产业集成转变，通过发展甘蔗和农业融合，采用高新技术、生物技术、信息化技术等，促进农村一二三产业融合发展。根据园区农业产业现状及发展基础，设置新建重点项目28个。其中科技引领类设置3个项目，主要突出科技、创新两大主题，以创新创业、技术研发、农机装备制造产业为主；纯种植类设置6个项目，以甘蔗、柑橘、蔬菜产业为主，特色水果、花卉苗木产业为辅；种养结合类设置2个项目，发展畜牧养殖、林木种植，形成农业废弃物的循环利用；农产品加工带动类设置12个项目，重点突出加工产业，发展农产品精深加工及蔗渣等副产物的综合利用；休闲旅游类设置6个项目，突出健康养生、休闲观光两大主题；产村融合类设置2个项目，发展互联网农业新村、特色华侨文化村等，形成一村一品品牌模式。重点项目的分类建设，加速了传统农业的改造，延伸产业链条，增加农产品附加值，使得农村一二三产业融合发展得到提升。

（四）案例：福娃集团推进稻田综合种养　促进产业融合发展

福娃集团成立于1993年6月，是全国首批农业产业化国家重点龙头企业，是湖北省委省政府重点支持的11家重点龙头企业之一。

1. 具体做法

（1）把握市场脉搏，抢前争先，努力打造"虾""米"产业龙头

小龙虾国内外市场缺口很大，一直处于供不应求的状态。监利土肥水好，生态环境优良。耕地面积 280 万亩，稻田面积 207 万亩，适合稻虾共育面积 120 万亩，现已开发稻田养虾 38 万亩，虾蟹混养 40 万亩，年产小龙虾 10 万吨，是武汉、南京、上海、广州等大城市小龙虾消费的主要来源地。

福娃集团作为全国稻米加工"三强"企业，大力推行"稻田综合种养模式"，左手米，右手虾，可谓天时地利人和。稻米深加工全国领先，小龙虾刚一上市，就获得各界好评。公司通过土地流转建基地，扩大虾稻共育面积，已达 3 万亩，年产值 1.5 亿元，亩平均纯收入达 3 000 元，辐射新沟镇、周老嘴镇 13 个村近万农户。为发挥龙头带动作用，公司牵头组建监利县龙庆湖小龙虾专业合作联社，7 月初承办了"监利县小龙虾产业发展座谈会"，来自全县的 40 多名小龙虾养殖专业户、销售经纪人、加工企业代表共商小龙虾产业发展大计。

（2）开发生态农业，重抓"五型"发展

一是生态友好型。福娃集团高举"生态牌"，与科研单位协作，抓好水源地及单个养殖田块的水质监测，争取环保部门支持，杜绝生活污水排放。按照"稻虾共育"健康养殖技术规范，建设"生态、优质、特色、高效"小龙虾、泥鳅、藕带及其他名贵水产品养殖基地。

二是科技支撑型。为了实现"建成全国小龙虾养殖面积最大的基地"目标，公司和华中农业大学、中国科学院水生生物研究所、湖北省农业科学院、武汉水生蔬菜研究所建立产学研一体化战略合作关系，并得到湖北省水产技术推广总站挂牌支持。

三是专业主导型。福娃集团稻虾共育基地，从虾池开挖、排灌系统布局、水稻种植和小龙虾养殖技术规范制定等每一个环节，都着眼"专业"二字。福娃集团承担中央财政现代农业发展专项"监利县稻田综合种养示范基地建设项目"，拟整合资金在新沟镇投资 3 000 万元建设 3 200 亩高标准稻虾共育基地和 800 亩小龙虾优质种苗繁育及研发中心。"十三五"期间，力争建成国家级小龙虾育种、繁殖的现

代化、信息化管理示范基地。

四是质量吸引型。福娃集团在拥有全国稻米精深加工的知名品牌、全国稻米全产业链的领军企业的基础上，阔步进军水产，现出产的每一批次小龙虾，都有1套严格的分拣程序和检测检疫报告，以"品质优、个头大、卖相好"赢得了武汉、南京、上海、北京等地客商的一致好评。

五是品牌领军型。福娃集团注册"福娃龙庆湖"商标，专营小龙虾活体销售，并注资成立了福娃"龙庆湖"生态农业公司和龙庆湖小龙虾交易中心。

（3）构建利益联结链，促进现代农业与二三产业融合

一是优价流转土地。周老嘴镇团洲村农户土地在册面积2 874亩，但流转给福娃集团实际合同面积是3 650亩，多出来的776亩原先都是不能直接产生效益的田埂、沟渠、道路，福娃集团也按农田面积支付了流转费。这样农户每亩农田流转费变成了987元，流转土地的积极性明显高涨。同时，给予村级组织每年20元/亩的协调费。以周老嘴镇团洲村为例，每年的协调费达到8万余元。

二是建立"福娃打工社"。福娃集团与村委会协商，各村组建了"福娃打工社"。各打工社在征询村民意愿的前提下，把务工村民分成长期工和短期工2种，均接受福娃集团的免费上岗培训，获取100～200元/天的劳务收入。近3年来，基地所在村村民从福娃集团领取的劳务收入，一般达到10 000多元。按照其所流转的土地面积测算，亩平增收近千元。

三是抓住新型城镇化机遇。结合新沟镇成为全省首批行政体制机制改革试点镇，结合福娃粮食深加工产业园扩容，结合土地流转，结合迁村腾地，结合农民进城等诸多因素，福娃集团积极参与到城镇建设。2014年，福娃集团承建成了1万多平方米福娃休闲广场，已成为新沟人民休闲、锻炼、娱乐的场所。

2. 努力方向 "十三五"期间，福娃集团将把"两水"文章做实做强，实施"211"工程，即完成200亿元产值，建设100万亩现代化农业基地，有1家企业上市。小龙虾产业全国称霸，福娃糙米卷

品类全国称王。扬资源优势，做"两水"文章，争五化龙头，创百年福娃。

（1）把水产业规模做大　在全面推行"稻虾共育模式"的基础上，进一步探索"稻虾鳖""稻鱼莲""稻鳅鳖"等生态高效种养模式。2020年，水产品实现产值30亿元。使监利在获得了"全国稻米加工强县"的殊荣后，再跻身"全国水产品加工强县"的行列。

（2）把水产业品牌做强　通过资本营运，争取有1～2个企业上市，在省水产局大力支持下，和其他省内同行一道，把湖北的水产业做成全国一流的产业，做成千亿级产业。

（3）把水产业模式做优　通过"稻虾共育"模式扩张，自建基地，通过加盟、农民土地入股以及托管等多种形式，把产业扶贫精准到位，带动监利及周边农民致富，惠及"三农"。

主 要 参 考 文 献

雷震洲，1998. 青海龙羊峡水库网箱养殖虹鳟初报 ［J］. 淡水渔业，28（4）：
　42-43.

白献晓，任巧玲，王治方，2008. 鸡养殖技术精编 ［M］. 郑州：中原农民出版社.

柏宗春，吕晓兰，陶建平，2017. 国内外蔬菜嫁接机的研究现状 ［J］. 农业开发与装
　备（3）：76-79.

贝蒂·希娜，2002. 赛马驯养要诀 ［M］. 北京：中国农业出版社.

曾国榕，2018. 晋江马遗传资源调查及保种措施 ［D］. 福州：福建农林大学.

常倩，2018. 基于效益与质量提升的肉羊产业组织运行机制研究 ［D］. 北京：中国
　农业大学.

陈贵林，乜兰春，2009. 蔬菜嫁接栽培实用技术 ［M］. 北京：金盾出版社.

陈海燕，2015. 养禽企业 ERP 系统的探索与研发 ［D］. 合肥：安徽农业大学.

陈爽，朱丽芳，王薇薇，2018. “互联网＋”背景下农业产业链主体利益分配模型研
　究——基于合作博弈理论 ［J］. 广东农业科学（1）：160-164.

褚洪忠，2012. 不同饲养管理条件对杂交伊犁马驹生长发育影响的研究 ［D］. 乌鲁
　木齐：新疆农业大学.

戴艳丽，赵荣秋，刘乐承，2018. 我国蔬菜机械研究进展与应用现状 ［J］. 长江大学
　学报（自科版），15（2）：69-71，76.

邓推，2010. 筏式养殖系统在波浪作用下的数值模拟 ［D］. 大连：大连理工大学.

刁有祥，陈浩，2019. 彩色图解科学养鸭技术 ［M］. 北京：化学工业出版社.

范新忠，2008. 土杂鸡养殖技术 ［M］. 北京：金盾出版社.

费玉杰，2005. 果树嫁接育苗成活的影响因素与关键技术 ［J］. 果农之友（1）：
　20-21.

冯继兴，许修明，吴雪，等，2016. 贝类筏式养殖产业发展的主要问题及对策 ［J］.
　水产养殖，3：30-32.

冯敏毅，马甡，郑振华，2006. 利用生物控制养殖池污染的研究 ［J］. 中国海洋大学
　学报，36（1）：89-94.

高洪波，2018. 蔬菜育苗新技术彩色图说 ［M］. 北京：化学工业出版社.

高亚平，方建光，唐望，等，2013. 桑沟湾大叶藻海草床生态系统碳汇扩增力的估算 [J]. 渔业科学进展，34（1）：172.

耿宁，2015. 基于质量与效益提升的肉羊产业标准化研究 [D]. 北京：中国农业大学.

关小川，2016. 蔬菜工厂化育苗与传统育苗的对比试验 [J]. 吉林农业（17）：75.

管理和，2019. 海东市乐都区蔬菜工厂化育苗基质筛选试验报告 [J]. 青海农林科技（2）：82-89.

管理和，2018. 蔬菜工厂化育苗基质筛选试验报告 [J]. 青海农技推广（3）：108-112.

郭剑雄，李志俊，2013. 人口生产转型、要素结构升级与中国现代农业成长 [J]. 南开学报（哲学社会科学版）（6）：42-51.

国家海洋局第一海洋研究所，1988. 桑沟湾增养殖环境综合调查研究 [M]. 青岛：青岛出版社.

黄国强，李德尚，董双林，2001. 一种新型对虾多池循环水综合养殖模式 [J]. 海洋科学（25）：48-50.

简生龙，关弘弢，李柯懋，等，2019. 青海黄河龙羊峡——积石峡段水库鲑鳟鱼网箱养殖容量估算 [J]. 河北渔业，6：22-27，57.

姜翠，2011. 桑沟湾筏式养殖栉孔扇贝环境影响评价 [D]. 青岛：中国海洋大学.

姜长云，2016. 推进农村一二三产业融合发展的路径和着力点 [J]. 中州学刊（5）：43-49.

解安，2018. 三产融合：构建中国现代农业经济体系的有效路径 [J]. 河北学刊，38（2）：124-128.

李博伟，邢丽荣，徐翔，2018. 农业服务业与农业生产区域专业化的协同效应研究 [J]. 中国农业资源与区划（12）：129-137.

李凤晨，李豫红，2003. 海带筏式养殖技术要点 [J]. 河北渔业，3：17，20.

李谷，2005. 复合人工湿地-池塘养殖生态系统特征与功能 [D]. 北京：中国科学院研究生院.

李洪忠，白忠义，2019. 园艺植物种苗工厂化生产 [M]. 北京：化学工业出版社.

李科，2012. 洞庭湖区杨树林下间作及套养模式研究 [D]. 长沙：中南林业科技大学.

李丽，吕晓，范德强，等，2017. 1984—2014 年农业种养结构变化对城乡居民事物消费升级的响应研究 [J]. 中国农业资源与区划，38（9）：79-88.

李顺才，2014. 高效养鹅 [M]. 北京：机械工业出版社.

李童，葛密艳，时少磊，2013. 肉鸭标准化规模养殖技术 [M]. 北京：中国农业科学技术出版社.

李学斌,2012. 果树防虫网覆盖栽培技术 [J]. 中国南方果树,41 (6):93-93.

梁永红,邢宝松,马强,2008. 猪健康饲养技术精编 [M]. 郑州:中原农民出版社.

廖静,2019. 深水网箱——水产养殖转型升级的推手 [J]. 海洋与渔业,4:83-84.

刘红梅,齐占会,张继红,等,2014. 桑沟湾不同养殖模式下生态系统服务和价值评估 [M]. 青岛:中国海洋大学出版社.

刘宪斌,2017. 规模化驴场几种主要疾病的研究 [D]. 聊城:聊城大学.

刘兴国,刘兆普,徐皓,等,2010. 生态工程化循环水池塘养殖系统 [J]. 农业工程学报,26 (11):167-174.

刘鹰,杨红生,张福绥,2004. 封闭循环水工厂化养鱼系统的基础设计 [J]. 水产科学,23 (12):36-38.

吕岩威,刘洋,2017. 农村一二三产业融合发展:实践模式、优劣比较与政策建议 [J]. 农村经济 (12):16-21.

马浩霖,孙经纬,等,2019. 蔬菜穴盘健壮苗识别系统设计与试验 [J]. 河南科技大学学报 (自然科学版),40 (4):76-80,89.

孟昂. 延绳式深水吊耳筏式养殖系统水动力特性研究 [D]. 舟山:浙江海洋大学.

倪达书,汪建国,1988. 稻田养鱼的理论与实践 [M]. 北京:农业出版社.

倪久元,高红治,2018. 设施蔬菜立体栽培模式及配套技术要点 [J]. 南方农业,12 (33):26-27.

聂磊云,贺晋瑜,梁芊,2016. 物联网技术在果树管理中的应用研究 [J]. 农业开发与装备 (6):47-47.

农业农村部渔业渔政局,2019. 中国渔业年鉴 [M]. 北京:中国农业出版社.

潘兆年,2013. 肉驴养殖实用技术 [M]. 北京:金盾出版社.

泮进明,姜雄辉,2004. 零排放循环水水产养殖机械——细菌草综合水处理系统研究 [J]. 农业工程学报 (20):237-241.

裴孝伯,2012. 蔬菜嫁接关键技术 [M]. 北京:化学工业出版社.

乔雪,2015. 玉米地放养对鹅生产性能、免疫指标及血清生化指标的影响 [D]. 大庆:黑龙江八一农垦大学.

任照阳,邓春光,2007. 生态浮床技术应用研究进展 [J]. 农业环境科学学报,26 (1):261-263.

唐启升,2017. 水产养殖绿色发展咨询研究报告 [M]. 北京:海洋出版社.

沈楷祖,2018. 秦川牛生产性能、行为学特征及理化指标分析 [D]. 兰州:甘肃农业大学.

石洪华,郑伟,丁德文,等,2008. 典型海洋生态系统服务功能及价值评估——以

桑沟湾为例 [J]. 海洋环境科学, 4 (27): 101-104.

史秀霞, 2018. 日光温室大棚油桃优质丰产栽培管理技术 [J]. 农业科技与信息, 556 (23): 85-86.

苏屹, 林周周, 欧忠辉, 2019. 基于突变理论的技术创新形成机理研究 [J]. 科学学研究, 37 (3): 568-574.

孙鸿良, 齐晔, 2017. 从生态农业到生态文明建设——纪念马世骏先生诞辰 100 周年暨生态工程理念发表 36 周年 [J]. 中国生态农业学报, 25 (1): 8-12.

孙修云, 王明宝, 王洪岩, 2017. 大水面多品种混养试验 [J]. 农业与技术, 37 (4): 129-130.

唐启升, 2017. 环境友好型水产养殖发展战略: 新思路、新任务、新途径 [M]. 北京: 科学出版社.

唐启升, 2017. 水产养殖绿色发展咨询研究报告 [M]. 北京: 海洋出版社.

王大鹏, 田相利, 董双林, 等, 2006. 对虾青蛤和江蓠三元混养效益的实验研究 [J]. 中国海洋大学学报, 36: 20-26.

王家琳, 2019. 内蒙古农村牧区一二三产业融合发展中的政府职能研究 [D]. 呼和浩特: 内蒙古大学.

王杰, 闫肖肖, 2018. 水果采摘装置的发展 [J]. 科技创新与应用, 250 (30): 84-85.

王武, 2011. 我国稻田种养技术的现状与发展对策研究 [J]. 中国水产 (11): 43-44.

王忠和, 房道亮, 初莉娅, 2010. EM 菌在果树生产中的应用 [J]. 西北园艺 (果树) (5): 35-36.

魏成斌, 2008. 牛养殖技术精编 [M]. 郑州: 中原农民出版社.

吴声敢, 柳新菊, 安雪花, 等, 2018. 浙江省大棚草莓主要病虫害绿色防控技术 [J]. 浙江农业科学 (9): 1515-1518.

吴中有, 2019. 大水面生态健康养殖模式探析 [J]. 农民致富之友, 9: 182.

向国成, 谌亭颖, 钟世虎, 等, 2017. 分工、均势经济与共同富裕 [J]. 世界经济汇 (5): 40-54.

熊爱华, 张涵, 2019. 农村一二三产业融合: 发展模式、条件分析及政策建议 [J]. 理论学刊 (1): 72-79.

徐皓, 刘兴国, 2016. 水产养殖池塘工程化改造设计案例图集 [M]. 北京: 中国农业出版社.

徐丽, 2016. 从国外土地制度看我国农业政策的变迁 [J]. 中国管理信息化 (12): 131-132.

许留兴，2016. 喀斯特石漠化环境饲草青贮与牛羊健康养殖 [D]. 贵阳：贵州师范大学.

许珊珊，2014. 黑龙江省野家杂交猪产业化发展研究 [D]. 北京：中国农业科学院研究生院.

闫大柱，2011. 吉林省现代畜牧业建设的研究 [D]. 长春：吉林农业大学.

闫祥洲，白红杰，陈直，2008. 羊养殖技术精编 [M]. 郑州：中原农民出版社.

严中成，漆雁斌，邓鑫，2018. 市场决定模式的新型农业科技创新：一个分析框架 [J]. 科技和产业 (7)：43-48.

杨菲菲，2019. 现代养兔关键技术精解 [M]. 北京：化学工业出版社.

余德根，2012. 果树防虫网覆盖的应用 [J]. 现代园艺 (23)：102-102.

张宏伟，2019. 北方林果机械化采收技术研究及进展（以苹果为主）[J]. 农业开发与装备，207 (3)：158.

张辉，张永江，杨易，2018. 美国、加拿大精准农业发展实践及启示 [J]. 世界农业 (1)：175-178.

张伟，王长法，黄保华，2018. 驴养殖管理与疾病防控实用技术 [M]. 北京：中国农业出版社.

张雪琪，弋景刚，张秀花，等，2018. 国内外蔬菜移栽机研究现状及发展 [J]. 河北农机 (4)：39-40.

张志丹，2014. 河西地区农业产业化发展的驱动因素及其模式探究 [D]. 成都：四川师范大学.

赵立会. 日光温室油桃栽培技术 [J]. 新农业，2006 (7)：28-29.

赵晓飞，李崇光，2012. 农产品流通渠道变革：演进规律、动力机制与发展趋势 [J]. 管理世界 (3)：81-95.

赵彦超，2019. 承德白鹅性能测定及日粮粗蛋白水平研究 [D]. 秦皇岛：河北科技师范学院.

赵之阳，2018. 以产业融合引领乡村振兴 [J]. 中国农业资源与区划，39 (8)：60-64.

郑刚等，2019. 设施蔬菜工厂化育苗技术和设备应用 [J]. 农业工程技术，39 (10)：60-65.

郑坤，田乙慧，区红星，等，2018. 基于农村产业融合发展的现代农业园区规划研究——以广西来宾农村产业融合示范园为例 [J]. 农村经济与科技，29 (3)：23-26.

郑永华，邓国彬，1998. 稻鱼鸭种养共生模式效益的研究及综合评价 [J]. 生态农业研究，6 (1)：48-51.

周香香，张利权，袁连奇，2008. 上海崇明岛前卫村沟渠生态修复示范工程评价 [J]. 应用生态学报，19（2）：394 - 400.

朱运钦，2003. 日光温室油桃优质丰产栽培技术 [J]. 河北果树（6）：20 - 21.

朱志军，汤雯晶，2019. 浅谈智能温室大棚在生产应用中的优势 [J]. 农民致富之友（13）：71.

祝君壁，2014. "三个禁止"强化设施农业用地监管——国土资源部有关负责人解读《关于进一步支持设施农业健康发展的通知》[J]. 农村·农业·农民（A 版）（11）：11 - 12.

左永彦，2017. 考虑环境因素的中国规模生猪养殖生产率研究 [D]. 重庆：西南大学.

王凡，廖碧钗，孙敏秋，等，2019. 福建大黄鱼产业发展形势分析 [J]. 中国水产，3：45 - 49.

唐启升，方建光，张继红，等，2013. 多重压力胁迫下近海生态系统与多营养层次综合养殖 [J]. 渔业科学进展，34（1）：1 - 1.

姜长云，杜志雄，2017. 关于推进农业供给侧结构性改革的思考 [J]. 南京农业大学学报（社会科学版），17（1）：1 - 10，144.

国家发展改革委宏观院和农经司课题组，2016. 推进我国农村一二三产业融合发展问题研究 [J]. 经济研究参考（4）：3 - 28.

吴瑞莲，徐敏，2019. 浅析蔬菜机械化应用与发展趋势 [J]. 农业装备技术，45（3）：4 - 5.

周国民，2009. 浅议智慧农业 [J]. 农业网络信息（10）：5 - 7.

李鉴方，龚利强，朱观杨，等，2015. 蔬菜种植机械选型及机械化与人工种植对比试验 [J]. 现代农机（2）：7 - 9.

倪琦，张宇雷，2007. 循环水养殖系统中的固体悬浮物去除技术 [J]. 渔业现代化，34（6）：7 - 10.

刘鹰，2007. 工厂化养殖系统优化设计原则 [J]. 渔业现代化（2）：8 - 9.

田慎重，郭洪梅，姚利，等，2018. 中国种养业废弃物肥料化利用发展分析 [J]. 农业工程学报，34（S1）：123 - 131.

陈靓，2016. 简析蔬菜工厂化育苗技术的优势 [J]. 现代农业（12）：10 - 11.

Barry，1998. A Preliminary investigation of an integrated aquaculture - Wetland ecosystem using tertiary treated municipal wastewater in Losangeles County，California [J]. Ecology engineering（10）：341 - 354.

Divid R，Tilly，Harish B，Ronald R，et al，2002. Constructed wetlands as recirculation filters in large - scale shrimp aquaculture [J]. Aquaculture Engineering，26：81 - 109.

Jiang Z J, Fang J G, Mao Y Z, et al, 2010. Eutrophic bioremediation strategy in a marine fish cage culture area in Nansha Bay, China [J]. Journal of Applied Phycology, 22 (4): 421 - 426.

Jiang Z J, Wang G H, Fang J G, et al, 2013. Growth and food sources of Pacific oyster Crassostrea gigas integrated culture with Sea bass Late olabrax japonicus in Ailian bay, China [J]. Aquaculture International, 21 (1): 45 - 52.

Lin Y F, Jing S R, Lee D Y, et al, 2002. Nutrient removal from aquaculture wastewater using a constructed wetland system [J]. Aquaculture (20): 169 - 184.

Roselien C, Yoram A, Tom D, et al, 2007. Nitrogen removal techniques in aquaculture for a sustainable production [J]. Aquaculture, 207: 1 - 14.

Scoatt D, 2001. Bergenetal design principles for ecological engineering [J]. Ecological engineering, 18 (2): 201 - 210.

Sofia M, Michal T, Oryia N, et al, 2006. Food intake and absorption are affected by dietary lipid level and lipid source in sea bream (Sparus aurata L.) larvae [J]. Experimental Marine Biology and Ecology, 331: 51 - 63.

Steven T S, Paul R A, Glenn D M, et al, 1999. Aquaculture sludge removal and stabilization within created wetlands [J]. Aquaculture Engineering (18): 81 - 92.

Wang Jaw - Kai, 2003. Conceptual design of a microalgae - based recirculating oyster and shrimp system [J]. Aquacultural Engineering (28): 37 - 46.